伝統の続きをデザインする

SOU・SOUの仕事

若林剛之
TAKESHI WAKABAYASHI

学芸出版社

はじめに

ＳＯＵ・ＳＯＵは京都にある小さな会社だ。

もともとファッションの世界で生きてきた僕が、不思議な縁で建築家の辻村久信さん、テキスタイルデザイナーの脇阪克二さんと出会って、今からちょうど10年前に立ち上げた。

ＳＯＵ・ＳＯＵという名前は、日本語の「相槌《あいづち》」から来ている。日常会話の中で「そうそう」とお互いを認め合うこのフレーズが、とても日本的だと思って、これをブランド名にした。

「日本の伝統の軸線上にあるモダンデザイン」というコンセプトのもとに、独自の道を進んできた、いわば、ファッション界のはぐれものである。


高度経済成長期、京都で生まれた僕は、高校時代にファッションに目覚め、東京の服飾専門学校を卒業後、憧れだった原宿のアパレルメーカーに就職した。

しかし、実際に働いているうちに、ファッションの本場は東京ではなく、やはり外国だと思うようになり、独立して欧米から自分で買い付けた洋服を扱うセレクトショップを始めた。

そしてある時ふと「海外のトレンドを輸入しているだけの僕は、本当に日本のクリエイターと言えるのか？」と疑問をもつようになり、日本人なら日本の衣装文化を創るべきではないかという思いに至った。それも、昔とは違う平成の日本の衣装文化を。

そう考えるきっかけとなったのが地下足袋だ。

昔からある地下足袋を、ポップでカラフルな生地で作ってみた。ただそれだけのことなのに、地下足袋を発売してからは目の前の景色が変わった。出会う人が変わり、周りの環境もがらりと変わっていくうちに、僕自身の考え方もどんどん変わっていったのだった。

一番変わったのは、「外国の文化に憧れる日本人」だった僕が「外国人が憧れるような日本文化を創りたい」と思うようになったことだ。

日本には、世界に誇れる技術や伝統文化がたくさんある。しかし近年、伝統産業は衰退の一途を辿っているという。本来ならば今を生きる自分たちの世代が、日本の昔ながらの良いものはちゃんと残し、場合によっては、さらに発展させていくというのが望ましい姿ではないだろうか。

そのためには、若手クリエイターの参入が必要不可欠だ。若い感性でものづくりをすることで、廃れつつある伝統的なものが、今の時代に求められるものになる。それが「日本の伝統の軸線上にあるモダンデザイン」を創造することになるのと同時に、外国人が憧れるような日本文化を創ることにもつながると思うのだ。

ＳＯＵ・ＳＯＵを立ち上げてから、僕はそういう思いでものづくりをしてきた。

そんなＳＯＵ・ＳＯＵに興味をもってくださる方や、日本でものづくりをされている方、あるいは、若きクリエイターたちにこの本を届けたい。

目次

プロローグ

サンキューNY!　これが日本の地下足袋だ

平成十六年「菊」

その日、僕は15分も遅刻をしてしまった。

「この柄を外側にして、こっちの布を内張りにしてほしいんです。それからもう一案は……」

20柄以上の地下足袋の企画書とサンプル生地を並べて、少し焦り気味で話していた僕の言葉を、社長は渋い顔で聞いていた。腕組みをして、相槌も打たずに。そして、僕の説明が少し波に乗り出した頃を見計らったように、首を横に振って僕の言葉を遮った。

「うちでは、こういうのは無理やな」

今回限りの発注だろう、どうせ次はない――。そう思われていることが、僕にはありありとわかった。それも当然のことだった。

突然、素性も知れない若造が、やたら派手な色柄の布を持ち込んで、地下足袋を作ってほしいとやって来た。しかも、初顔合わせの重要な日に遅刻したくせに悪びれる様子もなく、一方的にべらべら喋って、あれも、これもお願いしますと言う。質実剛健でやってきた町工場の社長に信頼してもらえる要素なんて、どこにもなかった。

２００２年、京都某所。この日は、国産地下足袋メーカー㈱高砂産業との初顔合わせだった。

地下足袋は、大正時代の初めに今の形が完成したと言われている。そこから変わらぬ姿のまま現代まで受け継がれ、今なお現役で活躍している伝統的な履物だ。

よく見てみれば、独特のプロポーションをしていて面白い。足の形にフィットして心地よく、長く履いても疲れない。しかも、普通の靴よりもずっと踏ん張りが効く。なるほど、現場で身体を動かす職人たちに愛用されているのも頷ける。とても機能的でいい履物だ。

この地下足袋を、カラフルでポップな柄の布で作ってみてはどうか。現代の日本人がカッコよく履いて街を歩ける、新しい地下足袋になるのではないか。——当時、京都で洋服のセレクトショップを営む傍ら、オリジナルブランド「ＳＯＵ・ＳＯＵ」を立ち上げたばかりだった僕は、確信を抱いて新商品の企画に乗り出した。

ところが、いざ生産を開始する段になってみると、なかなか国内工場が見つからない。地下足袋メーカー数社に問い合わせてみるも、どこも「うちは中国製です」と口をそろえる。国内には、もはや地下足袋工場がほとんど残っていなかったのだ。

最初のうちは中国製でも仕方がない。とにかく地下足袋の生産をスタートすることが先決だった。ただし、国産を諦めたわけでもなかった。中国生産を進めながらも、何とかして国内工場を見つけ出さねばならない。

僕が地下足袋の国内工場を探していると聞いて、知人がある事を教えてくれた。とあるランニングシユーズ製造会社の下請工場が、今も国内生産で地下足袋のＯＥＭ生産（他社ブランドの製品を受託製造すること）を請け負っている。海外の大量生産品とは一線を画して、お客さんのニーズに合わせたクオリティの高い品を作ってくれることで定評があるという。その情報を頼りに、僕は高砂産業さんに話をもちかけたのだ。

ようやく見つけた、念願の国産メーカーとの顔合わせだった。だが、現実に僕の目の前にあるのは高砂産業、加古社長のこの上ない仏頂面である。僕はヤバイ！　と直感した。

「――それじゃ、水玉の案ならどうですか？　水玉模様は上下の区別もないから、柄の事を気にせず作ってもらえると思うんですが……」

冷や汗をかきながら複雑な柄合わせの必要がないものだけを机の上に残し、他の企画書をすべて机の下に引っ込めた。なんとか首を縦に振っていただけたのは、ごく簡単な柄合わせの数パターンだけだった。

それでもいい。この日は、仕事を受けてくださっただけでも収穫だった。僕は、どうしても国産の地下足袋を作りたかったのだ。日本で作られた本物を。

お世辞にも十分な数の地下足袋ができたとは言えない状態だった。それでも、その日は容赦なくやってきた。２００３年10月、「ＳＯＵ・ＳＯＵ足袋 ＥＸＨＩＢＩＴＩＯＮ ＮＥＷ ＹＯＲＫ‐ＴＯＫＹＯ‐ＫＹＯＴＯ」。ニューヨーク、東京、京都の三都市を巡回して、日本のモダンで伝統的なワークシューズ＝地下足袋を紹介する展示会だ。

僕が、ニューヨークで買い付けた商品を扱うセレクトショップを京都に開店したのは、１９９３年のことだった。僕にとって、ニューヨークは憧れの街であり、独立開業の道を作ってくれたきっかけの場所でもあった。そのニューヨークで、どうしてもＳＯＵ・ＳＯＵ足袋の展示会をやってみたくて、かねてから計画を進めていたのだ。

ニューヨークでの展示会は、ＳＯＨＯにある小さなギャラリーを借りて開催した。

最初に買ってくださったのは、ラルフローレンのディレクターだという男性だった。彼は何日も前から「いつＳＯＵ・ＳＯＵ足袋が来るんだ？」と、ギャラリー宛てにメールで問い合わせてくださったそうだ。

「Ｔｈａｎｋ Ｙｏｕ！」

地下足袋を袋に入れて彼に手渡した瞬間、僕の脳内にブワッとドーパミンが溢れたような感覚があった。思わず体が震えた。これまで商品の買い付けで何度となく訪れたニューヨーク。今までどうもありがとう、ずいぶんお世話になりました。でも今度は、僕が売る番だ。

2003年10月
SOU·SOU 足袋
EXHIBITION
in New York

ＳＯＵ・ＳＯＵの地下足袋は、その時１２０ドル（当時のレートで約1万5千円）の値札をつけていた。ニューヨークでは、コンバース オールスターが50ドル以下で手に入る。１２０ドルも出せば、革靴が買えてしまう。そんな価格帯でも、ＳＯＵ・ＳＯＵの日本製地下足袋はどんどん売れた。有名グラフィックデザイナーやファッションデザイナー、あるいはモデルたちが大喜びで買ってくださった。もともと在庫の数が十分とは言えなかったこともあって、サイズ切れのモデルが多数出た。

僕は、カラフルな阿波踊り用の地下足袋を前にして迷っているヒップホップダンサーたちに話しかけた。

「あなたたちは踊り始めて何年くらいですか？ これは地下足袋と言って、日本で４００年の伝統がある阿波踊りの時に履くシューズですよ」

「スゲー！ クールだ!!」

彼らが興奮してあおでもない、こうでもないと話しながら商品を選んでいる隣で、僕自身も気分がどんどん高揚していくのを感じていた。彼らが大喜びしながら夢中で手に取っているのは、スニーカーじゃない。日本の地下足袋なのだ。

それは、今までに味わったことのない快感だった。そしてこの快感を味わったが最後、僕はもう後戻りできなくなってしまっていたのだ。

SOU・SOUの仕事

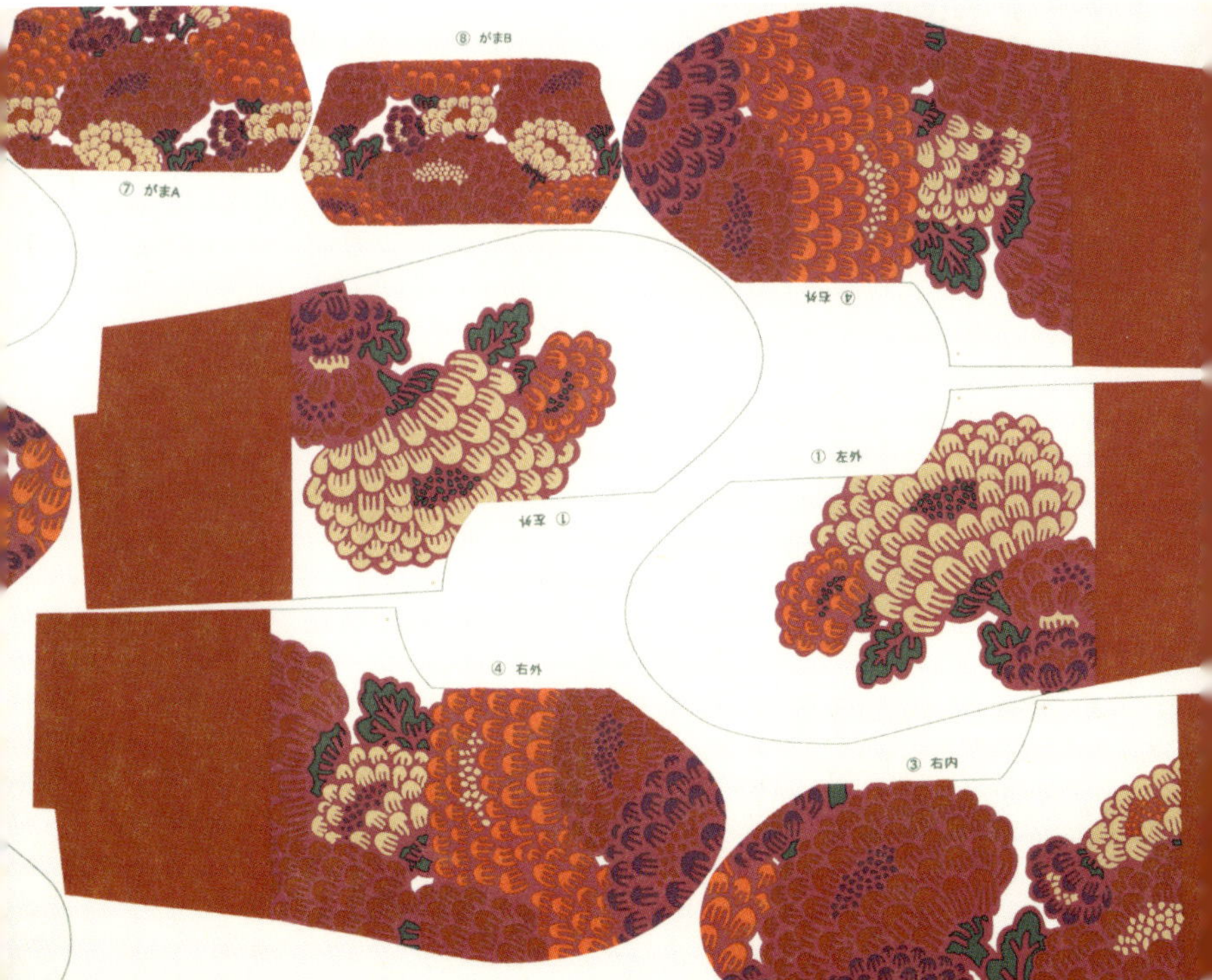

高砂産業の加古会長と

職人の熟練の技で作られるSOU・SOUの地下足袋

SOU・SOU 足袋

日本の履物の最高傑作、地下足袋をポップなテキスタイルで提案

テキスタイルデザイナーの脇阪さんと新柄の打ち合わせ

SOU・SOU のテキスタイルは、職人による手捺染で染めている
（写真は京都の染工場 八幡染色）

平成17年「爛漫」

平成20年「きくまる」

SOU・SOU 伊勢木綿

平成16年「松は松らしく」

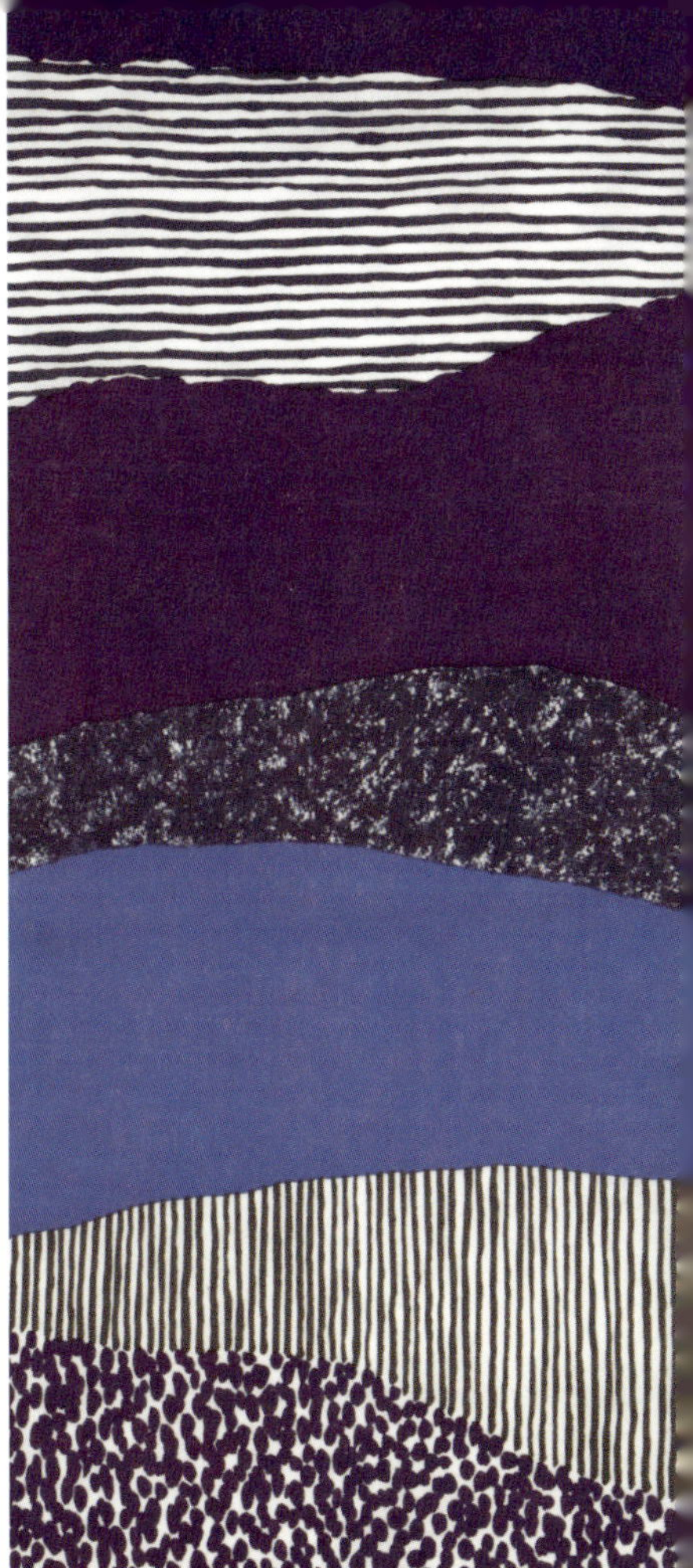

平成24年「東山三十六峰」

三重県の伝統工芸品、伊勢木綿の手ぬぐいを四季折々のテキスタイルで

SOU·SOU 着衣《kikoromo》

自由で楽しいSOU・SOU流の和装

SOU・SOU 傾衣《-kei-i》

現代の傾き者のための衣装

春
夏
秋

SOU・SOU わらべぎ

「童気（わらべぎ）＝子供らしい気持ち」を大切にした子供用の和服

SOU・SOU 布袋 HOTEI

普段使いのポップな風呂敷、SOU・SOU流の和装に合う袋物

和菓子になったテキスタイルデザイン

老舗京菓子司と創る12ヶ月のポップな景色

1 睦月「大寒」

2 如月「立春」

3 弥生「春分」

4 卯月「清明」

5 皐月「立夏」

6 水無月「夏至」

7 文月「大暑」

8 葉月「立秋」

9 長月「秋分」

10 神無月「寒露」

11 霜月「立冬」

12 師走「大雪」

亀屋良長 謹製

1

ファッションデザイナー、地下足袋に出会う

平成八年「花鳥風月」

ファッションデザイナーになりたい！

僕がファッションに目覚めたのは、中学3年生の頃だった。私服通学の高校に進学したこともあって、洋服好きがますます加速した。ファッションの流行でいえば、ちょうどDCブランドがブームの兆しを見せ始めていた頃だ。

当時は憧れのブランド店に入るだけで、妙に緊張したものだ。DCブランドショップのハウスマヌカンと呼ばれる店員さんたちは、どこかツンとしてエラそうにしている。見るからに財布の軽そうな高校生が一人店に迷い込んだくらいじゃ、なかなか相手にしてくれなかった。今やすっかり死語になってしまったけれど、当時、ハウスマヌカンといったら時代の最先端、みんなの憧れの職業だった。

お店に足繁く通ったものの、そこは貧乏学生の懐具合。買えなくて、店員さんと話をしただけでとぼとぼ帰ることがほとんどだった。

高校卒業を前にして、僕はこう決心していた。

「なんとしても東京に行ってDCブランドに就職したい。ファッションデザイナーになりたい」

そのためには、ファッションの専門学校に行かねばなるまい。ただし、京都じゃだめだ。大阪でもない。絶対に東京だ。

僕の家は裕福なほうではなかった。東京に行きたいけれど、親にはあまり負担をかけられない。そこで、寮のある学校を探すことにした。

高校3年生の夏、当時愛読していた雑誌で、たまたま日本メンズ・アパレル・アカデミー（現在は廃校）の生徒募集広告を見つけた。日本メンズ・アパレル・アカデミーは、日本で唯一の「オーダーメイド紳士服の専門学校」だという。学校の住所は新宿で、教室の真上に寮があるらしい。通学時間ゼロ、おまけに寮とはいえ、新宿のど真ん中に住めるかも！　そう考えただけでワクワクした。

東京に出発する日、高校の同級生たちが10人ほど京都駅まで見送りに来てくれた。新幹線に乗っている僕に向かってホームに並び、全員で万歳三唱だ。昭和の田舎駅みたいな見送りの光景だった。

気分が高揚していたせいか、東京までの道のりはあっという間だった。新宿駅西口を出て、歩くこと約10分。日本メンズ・アパレル・アカデミーのビルの前にたどり着いた。

そこは、オシャレというには程遠い古びたビルだった。学長に案内されて学校内の階段を上り、最上階に行くと、さらにボロい寮があった。僕は5部屋ある中の6人部屋に通された。8畳ほどの広さに、

2段ベッドが3つ並べてあった。自分のプライベートな場所といったら、この2段ベッドの上段1つ分とカラーボックスが1個。それがすべてだった。

冷蔵庫と洗濯機は、1台備え付けてあるものを15人くらいの寮生が全員で使う。寮のある階にはトイレがなかったから、階段を下りて学校のトイレまで行かねばならない。風呂は近くの銭湯に通ったが、アルバイトで帰りが遅くなると銭湯が閉まってしまう。そんな時は「寮風呂」だ。ベランダにある手洗い場のホースを伸ばして、水浴びすることをこんな風に呼んでいたのだ。当然、部屋にはエアコンもなく、古い建物だからか冬場の冷え込みもひどかった。室内でも震えるほど寒いので、部屋の真ん中に電気コンロを1つ置いて、6人全員でどうにか暖をとった。

それでも寮生活は楽しかった。全然オシャレじゃない東京生活のスタートだったけれど、微塵も気にならなかった。僕も若かったのだ。若さとは、素晴らしいことだ。

学んだのは「デザイン」ではなく「仕立ての技術」

日本メンズ・アパレル・アカデミーは、一言でいえば、紳士服の仕立屋を養成するための学校だった。学校に入って最初に教わったのは、針と糸の扱い方や、手まつりのやり方だ。新入生の最初の課題はズボン。毎日朝から夕方まで作業をしても、完成までには約1か月半かかる。ひとつひとつ教えてもらいながら作業する上に、ほとんどミシンを使わず、手縫いで仕上げるからだ。服づくりというものは、ちゃんと手順を踏んで仕立てようとしたら、本来すごくたくさんの工程が必要なのである。

ズボンの次は、シャツ、ベスト、ジャケット、デザインジャケット、スーツ。課題のハードルは、段々高くなっていく。卒業制作は、タキシードだ。ちなみに、ファッションの専門学校と聞いて真っ先に思い浮かぶようなデザインの授業、たとえばデザイン画を描くような課題はほとんどなかった。そのかわりに、毎日、朝から晩までボロい教室や寮の部屋でちくちくとひたすら針仕事。ものすごく地味な毎日だった。

学校が終わると、夕方からは新宿西口のラーメン屋で出前のアルバイトが待っていた。2食のまかない付きという条件は、僕にはとてもありがたかった。まあ、まかない食はほぼ毎日ラーメンだったので、あまり健康的とは言えなかったかもしれないが。

アルバイトが終わると23時。それから閉店間際の銭湯に行って、寮に戻る頃には日付が変わっていた。そして、朝方までかかって学校の課題を片づける。学校は寮のすぐ下の階にあるから、ギリギリまで寝ていても大丈夫。最悪でも授業開始の5分前に起きれば、先生が出席を取るのには間に合うから、毎朝寝起きの頭で階段を駆け下りた。そんな毎日だった。

土曜の夜になると、友達と一緒に寮から徒歩10分の歌舞伎町へよく出かけた。渋谷センター街にも行った。ゲーセン、カラオケ、ボーリングと、ひと通り夜の町を練り歩いたら、そのまま友達を寮に泊めて、翌日の日曜には百貨店に出かける。DCブランドの店をたくさん見て回った。もちろん見るだけだ。DCブランドものは、バーゲンでゲットするのが学生の掟。だから、誰しもバーゲンとなれば、かなり熱くなっていた。バーゲン初日の朝は、学校には人がほとんどいなくなる。午後になってようやく、戦利品を抱えた学生たちが、ぱらぱらとまばらに登校し始めるのだ。先生にも学生たちの行動はバレていた。ただし、僕は黙って行くのではなく、先生に「バーゲンに行くので午前中は休ませてください」と言ってから学校を出るようにしていた。先生は、そういうことでもちゃんと報告する僕を、欠席扱いにしなかった。

バーゲンを除けば、僕は授業を一度もサボったことはなかった。勉強する気がないなら、はなから高い学費を払ってまで学校に通ったりしない。

日本メンズ・アパレル・アカデミーは、とても優れたファッションの学校だったと思う。僕は、今でもこの学校に通って本当に良かったと思っている。その理由は、日本メンズ・アパレル・アカデミーが、何よりも服作りに必要な「技術」を教えてくれる学校だったからだ。

今の時代、「技術よりも感性が大事」なんてことを言う人がいる。もちろんそれも大切だと思うけれど、感性を高めたいだけなら、何も学校に通わなくても他にいくらでも方法があるはずだ。だけど、学校で技術を身につけなかったら、いったい他のどこで学ぶのだろう。就職後に学べばいいなんて姿勢では、会社だって迷惑だ。学生時代だけに許される潤沢な時間を使って、勉強しながら服を作る。それがファッションの専門学校だと思う。

デザイナーが一枚の布を立体物に仕立てたいと思ったら、生地の特性、糸の選び方や縫い方、アイロンの使い方を知っておいたほうがいい。素晴らしいイマジネーションの持ち主でも、技術があるのとないのとでは結果が違ってくる。優れた感性には、優れた技術が伴っているのが理想の姿であるはずだ。

学校で教わるオーダーメイドのパターンは、当時流行っていたＤＣブランドのスタイルに比べたら、うんと古臭くてダサいと思っていた。でも、これを身につけないことにはこの学校に来た意味がない。学校で教わる技術は、服作りの基本だ。好きとか嫌いとかいう次元の話じゃない。これはこの先もファッション業界で生きていくために絶対に避けては通れない技術だと思っていたから、学校の課題には、いつも一生懸命取り組んでいた。

卒業式には、卒業生全員が自分で作ったタキシードを着て出席した。卒業式で撮った同級生の集合写真には、現在、ＳＯＵ・ＳＯＵのパターンの仕事を引き受けてくれている友達や、カミさんの姿もある。僕にとってはかけがえのない学生生活だった。

日本メンズ・アパレル・アカデミーは、僕の卒業した数年後、閉校してしまった。これで、日本国内にはオーダーメイド紳士服の技術に特化して教えてくれる学校はなくなってしまった。僕にとって懐かしい母校だということを抜きにしても、すごく残念なことだと思う。日本のファッションが盛り上がるのと同様に、またいつか、日本にもこういう学校が復活してほしいものだ。

憧れのＤＣブランド勤務

僕が学校を卒業したのは、１９８８年。その後は、㈱ファイブフォックスという会社にパタンナーとして就職した。ついに、長い間憧れて目標にしてきたＤＣブランドで働けることになったのだ。実を言うと、５社ほど受けて内定が出たのは同社だけだった。聞くところによると、受けた全員が内定をもらっていたらしい。企画、営業、販売スタッフすべてを含めると、この頃は毎年の採用人数が５００人にも上っていたという。そういう時代だったのだ。

時代はまさにＤＣブランドの最盛期。片づけるそばから仕事が湧き出してくる。僕が最初に担当したのは、シャツのパターンだった。今や洋服の製図に欠かせないツールであるＣＡＤ（コンピューターを使った設計システム）も当時はなく、すべて手作業でパターンを引いていた。誰の机にも、パソコンなんて1台もなかった。今ではちょっと想像もできないだろう。
仕事はとてもいそがしく、特に展示会前には会社に寝泊まりをすることが多かった。仮眠をとる時は、生地倉庫のダンボール箱の束の上で眠るのだ。これが意外にも悪くない寝心地なのである。

そんな毎日の中で、僕は昼休みになると10分で食事を済ませて、残りの50分を使って原宿の古着屋めぐりをするのを日課にしていた。自転車を飛ばして1店舗当たり5〜10分でチェックする。店員さんとは話さない。タイムロスになるからだ。当時はそうやって、昼休みの間に5〜7店くらいを巡回するように見て回っていた。実は、学生時代の後半あたりからDCブランド以外にもビンテージの古着に興味を持ち始めていて、リーバイスやミリタリーもの、スニーカー、ジッポ、カレッジリング……、アメリカやヨーロッパのビンテージものの魅力にどんどん引き込まれていたのだ。気がつけば僕はその頃、給料のほとんどをビンテージ古着につぎ込んでいた。

そして、その後を追うようにビンテージ古着ブームがやってきた。レアで人気のある古着はどんどん値段が吊り上っていく。王道のリーバイス501XXなんかは、10万円を超えるようになっていった。そうなってくると、なんだか白けてしまって、もう買い物をする気が失せていた。
買う気は失せても、古着屋のチェックはその後も毎日続けていた。ただ楽しくて、好きなものを見ていただけなのだが、こうして僕が自分の足で集めた情報を、会社では面白がってくれる人がたくさんいた。先輩たちが「これ、どう思う？　○○円で売ろうと思うんだけど」と、僕の意見を聞きに来てくれる。そうしていると、パターンの仕事だけではなく、他部署の仕事も垣間見る機会があって楽しかった。

ファイブフォックスでの経験は、とてもためになった。一番そう感じるのは、商品の納期管理についてだ。

シーズンの立ち上がりやゴールデンウィーク前など、工場の繁忙期には納期が遅れそうになる。しかし、そう簡単に納期遅れを許すわけにはいかない。そんな時「1日でも早く」納品してもらうには、生産担当者の熱意が必要不可欠だったりする。工場に頼み込んだり、生産しやすいよう仕様を変更したり、時には工場へ行って出荷の手伝いをしたりすることもあった。考えられることはすべてやって、納期を遅らせないための努力をした。工場は、そんな熱意に仕方なく応えてくれるという感じだった。

当時はここまでしなくても……と思うことも多々あったが、やはりファイブフォックスという会社で厳しく育てていただいたことはとてもよかった。

今、どんなトラブルが起こっても、大概のことはどうってことない——僕がそう思えるのは、この頃の経験があってこそだと思う。

アメリカに行かねば！

ＤＣブランドの快進撃も、90年代に入ると勢いが衰え始めた。僕が所属していたブランドの売り上げも落ち始め、社内では書類コピーの枚数からトイレットペーパーの使用量まで厳しくチェックされるようになった。

その頃、渋谷では「渋カジ」なる新ジャンルのファッションが流行し始めていた。また、今となってはめずらしくもないが、日本で未発売のアメリカのブランドを現地で買い付けてきては、現地価格の3倍ほどの値段をつけて売る並行輸入のセレクトショップというのが出始めた。「こんな商売の方法もあるのか」と、国内ファッションメーカーに勤める身としては少々違和感もあったが、一方で、西洋の流行を真似て作った日本のＤＣブランドの服よりも、インポートの服のほうがずっと本物感がある。そう思うようにもなっていた。

僕の中に「アメリカに行かねば！」という気持ちがフツフツと湧いてきた。

ところで僕は、就職してからも、お盆と正月の年2回は実家に帰省していた。京都に帰っても、地元の古着屋をせっせとチェックした。ある時、新しい古着屋ができたとの噂を聞きつけて早速行ってみると、独特の商品セレクトで他ではあまり見つからないようなものが並んでいる。価格は安めに設定してあって、とてもいい店だった。僕は、すぐにそのショップが気に入ってしまった。

お店は3人で運営されていた。そのうちの1人はニューヨークに住み、商品の買い付けなどを担当しているという。後日再びその店に立ち寄ると、たまたまニューヨークから戻っていたバイヤーの橋本哲郎さんという方にお会いすることができた。現地事情をいろいろ聞いた僕は、思わず橋本さんに「もし僕がニューヨークに行ったら、案内していただけますか?」とたずねた。橋本さんは快く「いいですよ!」と言ってくれた。そりゃまあ、面と向かっていやだとは言えないだろう。まさか僕が本当に押しかけていくとは思っていなかっただろうし。

入社5年目、1993年のゴールデンウィーク休暇に有給をプラスして、僕はニューヨークに旅立った。会社の人には内緒で行った。

初めて行ったニューヨークは、とにかく刺激的で楽しかった。いろいろ見て回って、「これはイケる!」と思った。休暇が終わって日本へ戻った時には、やるべきことがはっきりと見えていた。同じ年の10月に会社を辞めた。

会社を辞めてすぐに、再びニューヨークへ向かった。たった一度会っただけの橋本さんに、2か月ほど居候をさせてくれるよう頼んだのだった。一度しか会ったことのない人の家に居候するなんて、今の僕には考えられないことだ。勢いというものは恐ろしい。

手作りのセレクトショップ

ニューヨークに行って、まず初めに英語の家庭教師を探した。英語が全く話せなかったから、新聞広告に出ていたアメリカ人の先生に頼んで、朝の8時から2時間英語を教わった。夜になると、仕事を終えた橋本さんもバイヤーに必要な英語を教えてくれた。

案外、学校で習うような文法や発音ってどうでもいいことなんだな……と思った。ニューヨークは人種のるつぼだ。文字が書けない人だっていっぱいいる。スパニッシュ、チャイニーズ、いろんな人種の人たちが、訛りがきつくて全然聞き取れないような英語を平気で話している。それでもみんな、特に意思の疎通に困っているわけじゃない。一番大切なのは、おどおどしないこと。それだけだ。

英語の授業が終わると、毎朝橋本さんの事務所に出勤して、ほんの少しではあったが仕事を手伝わせてもらった。ニューヨークでの日々をだらだら過ごしたくなかったのだ。昼を過ぎるとマンハッタンの街中を隅々まで歩いた。当時気になっていた有名ショップをかたっぱしから見て回った。

日曜日は、朝からフリーマーケットに行くのが楽しみだった。そこにはビンテージ古着の掘り出し物がたくさんあるのだ。

ニューヨークに来て1か月が経った頃、僕は「お店をやろう」と決めた。そして、ビンテージ古着から流行モノまで自分の好きなものをセレクトして買い付けを始めた。リーバイス、シャネル、カルバンクライン、ナイキ、ラルフローレン……。日本で売っていないもの、レアものがどんどん手元に揃い始めると、すごくワクワクした。仕入れた商品は、橋本さんの事務所に置かせてもらっていた。1か月後にはダンボール40〜50箱分の荷物が、事務所いっぱいに山積みになった。

橋本さんは、それを笑って許してくれた。本当に甘えさせてもらったと思う。彼がいなければ、今の僕はなかっただろう。

翌年の2月、僕は日本に戻って開業の準備に着手した。開業資金は、私物のビンテージ古着を売って作った300万円に、親父に保証人になってもらって銀行から借りた500万円を合わせて、全部で800万円。本当は東京でお店をやりたかったが、家賃が高くてとても手を出せなかった。そこで見つけたのは、地元・京都の四条木屋町にあった7坪弱の空きテナントだった。バブル時代には家賃が24万円だったというところを、13万円まで値切って借りることになった。ドアなんてなく、シャッターを開けたらもう店の中。まるで八百屋みたいなテナントだった。

業務用品店でポールやハンガーなどの什器類とレジを買って、ホームセンターで電球を買って、自分でお店を作っていった。オープンは1994年3月10日、店名は「GASP」。看板はなかったので、ダンボールにペンキで手書きした。ダンボールの看板は雨に弱く、すぐに風で飛んで行ってしまったけれど。

GASPはアメリカやヨーロッパからレアものを直接買い付けるスタイルで、当時の京都にはないタイプの店だった。近くのセレクトショップや古着屋の店員さん、それに大阪や滋賀、神戸からもショップスタッフの方がたくさん来てくださった。めずらしいものが安く買えると評判だったのだと思う。ガレージセールのようなお店は口コミで広がり、その年の12月には1千万円を越える売り上げを記録した。

買い付けはニューヨーク中をくまなく歩き、いろんなものを探した。

治安が悪くてちょっと危険なハーレムやブルックリンの界隈を、買い付けたものを抱えて歩いていると、現地の黒人に「コノ辺デ、ソンナニ大量ニ〝ナイキ〟ヲ持ッテ歩イテタラ危ナイゼ、メーン！」と忠告されたこともあった。買い付けは、文字通り寝食を惜しんで走り回った。日が昇る前に起きて、トラックを走らせる。マイナス28度、極寒のNYで買い付けをしていたら、風が冷たすぎて目を閉じた瞬間、まぶたが凍ってしまったこともある。しかし海外で買い付けをしている人は、誰しもそれくらいの過酷な経験をしているはずだ。それくらいやって初めて他店にない掘り出し物に巡り合えるのだから。

くたくたになってホテルに帰る頃には、もう深夜になっている。それでも、日本に戻って買い付けたものをお客様に見せることを想像しただけで、疲れは吹っ飛んだ。

そして、開業2年目。順調な売り上げに後押しされて、僕は2店舗目「イレギュラーバーヴ」をオープンした。

この頃になると、京都でも「GASP」と同じような品揃えの店が増えていた。言ってしまえば誰にでもできる仕事だった。外国の流行ものをいち早く買い付ける。身もふたもない言い方をすれば、それだけだ。そこに僕は、将来性や独自性を感じられなくなっていた。だから、「イレギュラーバーヴ」は国内ブランドを中心としたラインナップで揃えてみることにした。ちょうどその頃、原宿にある人気ショップのプロデュースによるオリジナルブランドが、新しいムーヴメントとして広がりをみせていたのだ。

当時のショップ系オリジナルブランドからは、大きくなりすぎたDCブランドにはないインディーズ感や、荒削りながらも自由な服作りを楽しんでいる雰囲気が伝わってきていた。すぐにそれらのブランドは時流に乗って「裏原宿系」というジャンルができるほどのブームが巻き起こった。僕の店の売り上げも、右肩上がりに伸びていく一方だった。

偶然が引き寄せたパートナー

その頃、僕はプライベートで自宅の建て替えを検討していた。手始めに本屋で買ったインテリア雑誌をパラパラめくっていると、建築デザイナーのリストに京都在住の建築家・インテリアデザイナーが載っているのを見つけた。辻村久信、代表作は「Ｒｉｃｏｒｄｉ」とある。「Ｒｉｃｏｒｄｉ」といえば、その頃僕が住んでいたマンションのすぐ近くにあった祇園のイタリアンレストランで、モダンなデザインが有名だった。深夜まで営業していて便利だったので、よく通っていた。

「あの店をデザインした人が、京都にいるのか」。翌日は仕事が休みだったので、早速僕は、アポも取らないでふらりと辻村久信デザイン事務所を訪れた。

突然の来訪に、事務所のスタッフの方は「よかった。いつもは、辻村が居ないことが多いんですよ」と、奥へ通してくれた。もしかして、アポもなしでいきなり来ていいところではなかったのかも――、そんなことを思いながら挨拶をすると、辻村さんは初対面の僕をニコニコと迎え入れてくれた。

その日は、辻村さんが手がけたいろんな店舗の写真を見せてもらった。家は建築家やハウスメーカーが作るものと思っていた僕は、この日初めて「インテリアデザイナー」という職業があることを知った。仕事の話を聞かせてもらって少々の世間話をし、僕は事務所を後にした。帰る頃には、直感的に「この人にお願いすることになるだろう」と思っていた。

その後、友人の紹介などで何人かの建築家にプランを出してもらったが、最終的に僕が選んだのは、やはり辻村さんのプランだった。

辻村さんと自宅の打ち合わせを重ねていた頃、僕は新店舗をオープンすることにした。前々から目をつけていた、地下1階から3階までの4フロアある一棟貸しのビルに、テナント募集の表示が出たのだ。周囲の環境が変わって人の流れが悪くなってしまった「GASP」を閉店し、この貸しビルをまるごと3店舗＋事務所にしようと考えたのだ。

僕から相談を受けた辻村さんは、信じられないほど低予算の改装費と、思いのほか大きな物件を見て「こりゃ、なかなか手強いな」と苦笑いしていたものの、この案件も引き受けてくださった。

2000年7月、僕が経営するショップは、「イレギュラーバーヴ」を含め、全部で4店舗になった。

辻村さんに出会う前の僕は、自分の店の内装はすべて自分で考えて工務店に頼んでいたが、この頃にはもう、辻村さんなしでは考えられなくなっていた。店舗デザインとインテリアに関することは、何でも辻村さんに相談するようになった。

そしてある時、辻村さんからこう尋ねられた。

「テキスタイルデザイナーの脇阪さんって、知ってはりますか？」

僕が知らないと答えると、辻村さんはこう言ってくれた。

「すごく面白い人ですよ。めちゃくちゃいい人です。今度紹介しますよ」

その後しばらくしてから、辻村さんが当時手がけていたダイニングカフェの物件に、脇阪克二さんのテキスタイルを使うというプランが持ち上がった。辻村さんは、染色工場でサンプルをチェックするために脇阪さんに会うという。一緒に行きませんかと誘っていただいたので、僕も同行することにした。工場には、カラフルにプリントされた帆布が並んでいた。そこに脇阪さんもいた。

脇阪さんは、1968年にフィンランドに渡り、マリメッコ社初の日本人デザイナーとして活躍したという日本人テキスタイルデザイナーの草分け的存在だ。僕は、脇阪さんと引き合わせてもらうことになって、初めてテキスタイルデザイナーという職業があることを知った。テキスタイルのデザインなんて、生地メーカーの社員が外国の模様をちゃちゃっとアレンジして作っているものだと思っていたのだ。実際、そうやって作られているものも多いのだろうけど。

打ち合わせが終わった後、近くの中華料理屋で一緒に食事をした。脇阪さんは、立派な経歴に似合わず、思っていたよりもずっとざっくばらんな人だった。

「テキスタイル業界は先細りだよね」だとか「日本の企業はソフトにお金を出さないから」だとか、とにかくハッキリとものを言う脇阪さんに、僕は好感を抱いた。

「でも、脇阪さんもこれからは日本で仕事をされるんですよね？」

「そうだけど、実際仕事もないしね。ま、僕も棺おけに片足突っ込んでるようなもんだよ」

脇阪　克二 Katsuji Wakisaka

1944 年京都生まれ。
1968 ～76 年フィンランドのマリメッコ社、1976 年～85年ニューヨークのラーセン社において、インテリアファブリックのテキスタイルデザイナーとして活躍。

1986 年帰国。ニューヨーク時代より 20 年にわたり、ワコールインテリアファブリックにてコレクションを発表。

1996 年以降は陶器、絵、布、絵本など幅広い表現の中で作品を生み出し、2002 年より再びデザインに重点を移し、マリメッコ社からファブリック・コレクションを発表。

2005 年～ 08 年京都造形芸術大学客員教授に就任。

現在、SOU・SOU でのデザインづくりを楽しんでいる。

辻村 久信 Hisanobu Tsujimura

1961 年 京都生まれ。
1983 年 株式会社リブアート入社
1995 年 辻村久信デザイン事務所設立
(現 株式会社ムーンバランス)
2007 年 京都造形芸術大学教授

プロダクトデザインから建築まで境界を越えて、日本の伝統の軸線上にあるモダンデザインを創造する。

主な仕事：修善寺温泉 " 宙 " と " 月 "、Kiton、茶茶、ヒルトンホテル大阪 " 源氏 "、Ricordi、SOU・SOU、真言宗大本山 " 大師寺 "、雪月花、LUCIE 、終の栖、MIZUKI、八幡屋礒五郎、MALEBRANCHE、STRASBURGO、堀場製作所、F.A.T、銀座あけぼのとっさに返す言葉が見つからなかった。歯に衣着せぬ言い方とは、このことだ。若い人が聞いたら夢も希望もなくしてしまうようなことを、仮にも業界の重鎮デザイナーがこんなにポンポン口にしていいものなんだろうか。でも、脇阪さんの言葉には真実味があり、信用できる人だと感じた。

僕は「これから、脇阪さんはきっといそがしくなりますよ」と言った。直感でそう思ったのだ。

普遍的な魅力を持つテキスタイルデザイン

その後、僕は当時西宮にあった脇阪さんの自宅兼アトリエを訪ねて、脇阪さんの描いたデザインを見せてもらった。

脇阪さんの作品は、40年前のデザインも10年前のデザインも、そして現在のデザインも、どれもよかった。昔のものも全く色褪せていない。僕は衝撃を受けた。「これだ!」と思った。

ファッション業界では、毎年トレンドが変わる。そして、3か月ごとの展示会で新作を発表するのが通例だ。しかしこの頃の僕は、そのサイクルに何となく嫌気がさしていたのだ。

どうして、常に新しいものを売り続けなくてはいけないのか。いいものを作ったのならば、長くそれを売り続けたらいいのではないか。作り手としては、僕の作ったものをせっかく気に入って買ってくだ

時代を超えるテキスタイルデザイン

脇阪さんのアトリエで初めて作品を見た時に、最近作られたものも、40年以上前のものも、時代を超えて共存できるテキスタイルデザインだと思った。ちなみに、ＳＯ-ＳＵ-Ｕは平成7年にワコール・インテリアファブリックから一度発売されていた。ワコールとの契約終了後、数年経ったのちにＳＯＵ・ＳＯＵで再デビューすることになった。

だんだん（昭和 45 年）

「だんだん」をつくったのは 20 代のころで、幾何学な模様に魅力を感じていました。テキスタイルデザインは花に代表される様にやわらかい模様が好まれます。もっとシンプルで明快な、男性でも好きになれる様なものをつくってみたかった。

脇阪克二

貼付地下足袋

小巾折

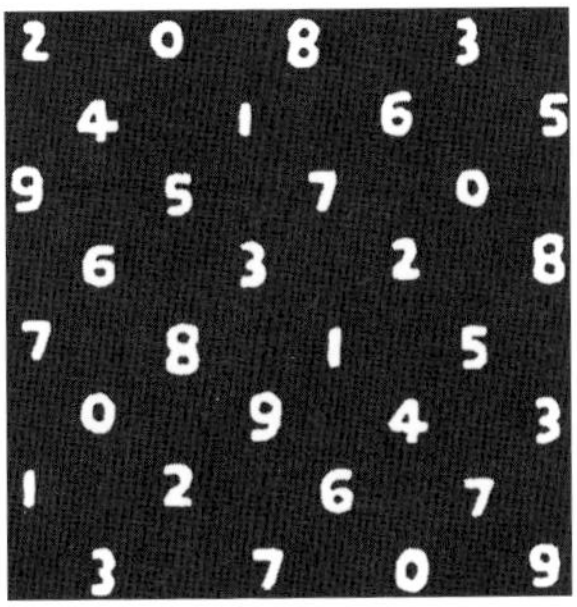

SO-SU-U（平成７年）

世界中で広く使われているアラビア数字はシンプルで国籍、性別、年令などを問わない普遍性を備えている。記号としてよく出来ていて、しかも愛着のもてる形をしている。デザインする時むつかしいかなと思ったのは、どこにでもある形なのでどこまで魅力的に出来るかということだった。

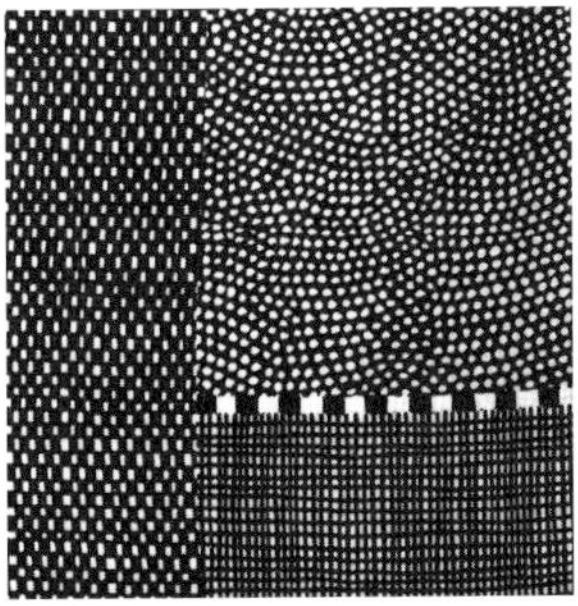

間（昭和51年）

この柄をつくる時漠然としたイメージはあったが、手さぐりで少しずつ描いていった。水玉を描き、ストライプを描いていった。自分が求めているイメージを確かめながら仕上げていった。日本的なものをつくろうとは思っていなかった。

足袋下

こどもじんべい

薙刀かり衣

さったのなら、やはり長く使い続けていただきたいと思うのだ。真剣にものづくりをしている人は、そう考えるのが自然だと思う。

長く使っていただけるようなものを作りたい。そのためには、流行に流されないものを作ることが必要だと思った。世間一般のデザイナーだって、みんな口ではそう言っている。でも「流行に流されないものを」なんて言う割に、結局は流行のものしか作らない。そう言う僕自身も、当時は流行（トレンド）を意識しながらものを作るのが当たり前だと思っていた。

そんな時に出会ったのが、脇阪さんのテキスタイルデザインだった。脇阪さんのデザインには、何十年たっても色褪せない普遍的な魅力がある。流行とは関係なく、テキスタイルデザイン自体がすごい力を持っている。たとえば、脇阪さんのテキスタイルでバッグを作ったら、形自体はごくプレーンなものでも、きっと長く使いたくなるようなものが作れるに違いない、そう思った。

ある日、脇阪さん、辻村さんと一緒に食事をした時のこと。

「脇阪さんのテキスタイルでスリッパとかバッグとか、あったらいいと思うんですよね」

僕が切り出してみると、話はどんどん盛り上がった。

「いや、椅子やクッションなんかも絶対いいですよ、欲しいですよね」

「扇子や風呂敷とか、雑貨もいいんじゃないですか？」

SOU・SOUの前身「teems design」時代に作った脇阪テキスタイルの商品

「ああー、いいなあ。かわいいでしょうね」

みんなで楽しく話していた。そして、辻村さんが冗談交じりでこう言ったのだ。

「いっそのこと、脇阪ショップでも作りましょうか」


当時、アパレルメーカーが家具やインテリア雑貨に手を伸ばすのが一種の流行ではあった。しかし、オリジナルのテキスタイルで、家具もすべてオリジナルのデザインで作ることができたら、他とは一線を画したブランドになる。面白いなと思った。

脇阪ショップの話で盛り上がった日からしばらくして、僕は再び脇阪さんのアトリエを訪ねた。そこで何点か図案を選んで、Tシャツとバンダナのサンプルを作ってみた。初めからなかなかいい出来だったと思う。サンプルを見た脇阪さんも乗り気だった。僕はさらにクッション、バスタオル、フェイスタオル、そしてバッグ類を作ってみた。

ブランド名は、当時の僕の会社名である「teems design」だった。そして、そのブランドで展示会をしてみようということになった。

東京・青山にあったインテリアショップ「TIME&STYLE」で初めての展示会を開催した後、2000年、京都に「teems design shop」という小さなお店を作った。オリジナルテキスタイルのタオル、クッション、レコードバッグ、CDバッグ、デザイン家電、イームズの雑貨なんかを取り扱った。僕はこの頃はまだ、海外のインテリアと洋服が好きだったのだ。

この時の僕たちは、自分たちが素直に欲しいと思えるものを作っていた。値段の安い粗悪品はいやだし、かといって身丈に合わないような高級品も作りたくなかった。日常的に使えて適正価格で、なおかつ優れたデザインのもの。そういうものが良いと思って作っていた。

のちに「teems design shop」は、もう少し店舗規模を広げることになり、辻村さんが所有するビルへと移った。1〜2階には世界的に有名な日本のファッションブランドのテナントが入り、3階が僕たちのショップになった。辻村さんの事務所は4階で、5階にはカフェが入った。

2002年6月21日。この時のショップ名は「teems design + moonbalance」だった。僕の会社名と、辻村さんの会社名 moonbalance を足しただけの、長いけどシンプルな名前だった。このお店が、のちのSOU・SOUへと繋がっていく。

「SOU・SOU」始動

ある時、東京・お台場ヴィーナスフォートにあった「カフェ お膳 マリアージュ」の荻田社長が、4階の辻村さんの事務所で打ち合わせをした帰りに、3階にあった僕たちの店「teems design + moonbalance」にも立ち寄ってくださった。社長はお店の隅々まで丁寧に見てくださって、しきりに「とても面白いですね」と言っておられた。相当気に入ってくださったように見えた。

その数日後、今度はヴィーナスフォートの運営室からエラい人が訪ねていらした。荻田社長からいい店があると聞いて見に来られたのだという。後日、「ヴィーナスフォートに出店を」というオファーをいただいた。

一度はお断りしたものの、オファーから半年後には、紆余曲折を経てヴィーナスフォート出店を正式に決めた。

東京に出店するにあたっては、京都から責任者を送り込む必要があった。絶対に信頼できるスタッフを配属しておきたかった。いろいろ考えた上で、「GASP」時代から働いている女性スタッフ、岡部(現 青山支店長)に決めた。実は、彼女は京都から出たことがないような箱入り娘だった。ご両親も心配され、きっと反対されるとは思ったが、「どうしても君に任せたい」と頼んだ。すると、彼女は当時習っていたお茶、お花を辞めて東京行きを承諾してくれた。

また、東京出店は、当時の京都の店名「teems design ＋ moonbalance」を見直す機会にもなった。たとえば、「お電話ありがとうございます。teems design ＋ moonbalance 東京店でございます」。これでは、電話応対のたびに噛んでしまう。それに、店名を正しく覚えてくれる人だってなかなかいないだろう。

「teems design ＋ moonbalance」のコンセプトは、辻村さんが考えた「日本の伝統の軸線上にあるモダンデザイン」だった。これは、現在のＳＯＵ・ＳＯＵにもそっくりそのまま引き継がれている。日本らしさを意識したものづくりを掲げるからには、ここはやはり、日本語の名前にしたかった。

日常会話の中で相手の言ったことを「そう、そう」と肯定することがよくある。「そう、そう」とお互いを認め合うことによって、僕たち日本人は相手を確認し、発見し、関係を発展させて社会を築いていくのだと思う。

日本人が無意識のうちに多用している「そう・そう」という言葉。その言葉を、そして日本を見つめ直すきっかけにしたいと思って、「ＳＯＵ・ＳＯＵ」というネーミングを採用した。公式には、そういうことになっている。

しかし、実のところは最初からそう考えていたわけではない。クリエイティブの「創」、かんたんという意味の「草」、よそおいの「装」、住まいの「荘」――それらの意味をすべて含めて「ＳＯＵ・ＳＯＵ」と名付けたのだ。そのあと、脇阪さんの奥さまが、「相手を肯定するような日本人らしさがあるわね」と言ってくださり、それが面白くて、そちらを後付けでコンセプトに採用したというのが正確な顛末だ。

僕たちは、ＳＯＵ・ＳＯＵという名前がとても気に入った。東京ヴィーナスフォート店がオープンして半年後には、東京と京都の店名を統一して、京都店も「ＳＯＵ・ＳＯＵ」に改名した。

東京での苦戦

２００３年３月８日、ついに「ＳＯＵ・ＳＯＵ」ブランドを掲げて東京店がオープンした。オープン後１か月の間は、僕も毎日ヴィーナスフォートに出勤した。しかし、売り上げはイマイチだった。いや、サッパリ売れなかったと言ってもいい。

知らない場所での出店というのは、オープンしてからが勝負どころだ。売行きが当初の計画通りにならなかった場合、営業をしながら、その場所や客層に合うように品揃えを変えていかねばならない。あるいは、店の世界観を好きになってくださる顧客を少しずつ作っていかねばならない。どちらにしても、時間もエネルギーも要る。そしてそれは、思っていた以上に大変なことだった。

売り上げがサッパリのまま１か月が過ぎた。東京店勤務最終日の夜、僕は岡部に「明日からしっかり頼む」と伝えたが、彼女はとても疲れていて、絶望感すら漂わせているように見えた。お客様がたくさん来てくださって、商品が売れて、いそがしくて疲れるのはいいものだ。でも売れない場合、身体だけでなく精神まで疲弊してしまう。彼女はまさにそういう顔をしていた。

その後もずっと売り上げは悪く、赤字経営が続いた。当時はまだ会社のメイン事業が洋服のセレクト

OPEN 当初の SOU・SOU 東京店

ショップだったので、そちらの利益でＳＯＵ・ＳＯＵの赤字を補填するという状態が続いた。だが、ヴィーナスフォートは森ビル系列の総合商業施設だ。普通の路面店のテナントとは違って、最低限の家賃を払っていれば済むわけではない。ある程度の売り上げを取ってヴィーナスフォートに貢献できなくなれば、出て行かなければならないのだ。

ＳＯＵ・ＳＯＵ東京店は、オープンして半年経っても売り上げに好転の兆しがなく、かえって悪くなるばかりだった。

地下足袋との遭遇

「ＳＯＵ・ＳＯＵ」の始動後、僕は、にわかに興味を持って日本の伝統的なものや行事などを調べるようになった。日本人の美意識の高さは、知れば知るほど感心させられるもので、とても面白かった。

そんなある日、何かのサンプルとして買っておいたものだったと思うが、真っ黒の地下足袋がお店のストックに無造作に転がっているのを見つけた。拾って片付けようと手にした瞬間、脳裏にひらめきのようなものが走った。

「これって、本当はすごくいいものなんじゃないか」。僕は、何の変哲もない地下足袋を思わずまじまじと見つめてしまった。地下足袋は、大正時代からほとんど形を変えずに受け継がれている履物だという。つま先が割れていて踏ん張りが効くし、長く歩いても疲れない。世界に類を見ない独特のデザインで、外国人が地下足袋を初めて見ると、オシャレな人ほど「クールだ」と感じるらしい。

「これはイケる」、直感的にそう思った。日本人の場合は、どうしても地下足袋＝労働履きというイメージで見てしまうものだから、機能性やファッション性に視線が向きにくいだけだ。それなら新しいデザインと履き方を上手くプレゼンテーションできれば、日本人の偏見も払拭できるんじゃないだろうか。

そう思い立った僕は、事務所に戻って早速、地下足袋のメーカーを探した。力王、丸五、月星（現ムーンスター）といった大手メーカーの名前はすぐに見つかった。しかし、いざ問い合わせてみると、どこも生産は中国工場で行っているという。僕のほうも、何せ今まで全く関わりを持ったことのない業界だから、生産事情がわからない。そこでまずは、岡山にある㈱丸五というメーカーを訪ねて話を聞かせてもらうことにした。

丸五さんの話によると、昭和40年代以降、業界最大手の力王を皮切りに、大手工場はみんな中国へ生産拠点を移していったのだそうだ。時代は高度成長期後期。地下足袋メーカーだけに限らず、また、海外生産が良いとか悪いとかいう次元の話でもなく、単にそれが時代の大きな潮流だったのだろう。

国産メーカーを見つけることができなかった僕は、丸五さんにお願いして、まずは中国製でもいいからＳＯＵ・ＳＯＵのテキスタイルを使用したオリジナル地下足袋の生産をスタートしてみることにした。これが、ＳＯＵ・ＳＯＵ足袋の始まりだった。

ファーストモデルは「ＳＯ‐ＳＵ‐Ｕ」と「ＨＡ‐ＫＯ」の２柄で、色は白黒のみの展開だった。デザインは、先割れと先丸の２タイプ。形状や製法は昔ながらのもので特別なアレンジを加えたわけではなかったのに、ポップなテキスタイルデザインに置き換えるだけで、真っ黒な〝労働履き〟は、ぐっと洗練された印象になった。

この２柄を発表した時点では、さほど売り上げには繋がらなかった。しかし僕自身には、確実な手ごたえがあった。もっとカラフルでポップなものを増やせば、間違いなく売れる。そう思って、今度は20柄以上のプリント生地を丸五さんに送った。

合計２３００足ほどオーダーしてみたものの、よくよく考えたら会社には倉庫がなかった。仕方がないので、なんとか店のストックスペース、店内、事務所内の置けるところにすべて置いた。

東京店からの業務日報を見ると、「こんなに地下足袋ばかりが送られてきて、本当に売れるのでしょうか……」と書かれていた。今思えば、スタッフのそういう不安はもっともだったかもしれない。だけど僕は、「やかましい！　売るんじゃ！」とばかりに、さらに地下足袋の山を送りつけてやった。売るしかない。これは会社にとっては絶対にコケることのできない、社運を賭けたプロジェクトだったのだ。

上 / 倉庫で見つけたこの地下足袋が、その後の SOU・SOU の運命を大きく変える
下 / (株) 丸五で作った最初の地下足袋

和装文化の空白の歴史を埋める

こうしてSOU・SOU×丸五足袋の発売を開始する傍ら、僕は、国内の生産工場をずっと探し続けていた。なんといっても、商材は地下足袋だ。いずれ海外に持っていくことになるかもしれない。その時に「日本の伝統的な履物です」と紹介しておきながら、現物が中国製というのは、外国人に対して説明がつかない。

僕は、以前ビンテージ古着を扱っていたことがある。ビンテージ市場を例にとると、リーバイスやナイキなどのアメリカのブランドは、やはりアメリカ製の人気が高く、値段も上がる。しかし、これが世界的な価値というわけではない。日本人が、日本人向けに売るアメリカ製品に特別な価値を付けて高くしているだけのことだ。たとえば「ルイヴィトンはフランス製だからいい」とは誰でも思うだろう。これも同じような理屈である。伝統ある国で生まれ育っているためか、日本人は、もともとブランドやプロダクトの生産国に対してこだわりが強いほうなのだ。

ただ、地下足袋の場合は誰からも注目されず、また期待もされていない。だから、わざわざ地下足袋の産地について指摘する人もいない。それだけのことだと思う。

僕自身も、そこそこの品質の商品が安く手に入るなら、中国製だろうとその他の国で製造されたものであろうと特に気にならないし、文句なんか一切ない。だけど、それが日本の伝統的な着物や扇子、あるいは染めや織り、そして地下足袋となれば話は別である。価格や品質の問題もあるが、決してそれだけではない。伝統工芸品には、国内にしっかりとした技術を持つ産地がある。その国内産地でものづくりをするのが本来の姿であり、そうすることが、技術の継承にも繋がっていくはずだと考えている。

「日本の伝統的な履物、地下足袋」は、国産であるべき――。僕は、そう信じて工場を探していた。その末に、プロローグでも紹介した高砂産業さんにようやく出会うことができたのだ。

辛くも高砂産業さんの協力を得て実現した、ニューヨークでの「ＳＯＵ・ＳＯＵ足袋 ＥＸＨＩＢＩＴＩＯＮ」は、在庫が不十分であったことや、諸経費がかさんだこともあって、結果的に１５０万円の赤字となった。ただし、この展示会のおかげでお金には換えられないとてもいい経験をすることができたと思っている。帰国後は、さらに東京と京都で展示会を行った。そちらも、上々の反応だった。

ここで、アメリカのバスケットシューズで有名な「コンバース オールスター」の変遷を少し紹介しておきたい。１９０８年、コンバースのスニーカーは、アメリカで雨や雪の中でも作業のしやすいラバーシューズとして生まれ、当初は白一色だったデザインが次第にカラフルなものに発展していった。80年代になると、さまざまな柄物も発売され始めた。今では色柄ともにバリエーション豊富な人気スニーカーブランドとして、不動の地位を確立している。

80年代の日本においても同様に、もっとカラフルでポップな柄の地下足袋を作るメーカーやデザイナーがいてもよかったのではないかと思う。しかし、当時の日本人たちはアメリカやヨーロッパのスニーカーばかりを追いかけていて、地下足袋には見向きもしなかった。これは、地下足袋だけに限った話ではない。

もしも、和装文化が停滞することなく進化を遂げていたなら、着物も洋服のようにもっと自由で楽しいファッションになっていたかもしれない。そして、カラフルな地下足袋を履いた若者が、普通に街を歩く姿を見ることができたかもしれない。地下足袋がそんな風に発展していれば、今頃はすでにスニーカーと同等の地位を得ていたかもしれない。しかるべき地位を築いていれば、安価な生産地を求めて中国生産に１００％移行してしまうということもなかったのかもしれない。

僕は、和装文化の空白の歴史を埋めるようなイメージでＳＯＵ・ＳＯＵのデザインをしている。それが、現代の日本人デザイナーが手掛けるべき仕事だと思っているからだ。

ＳＯＵ・ＳＯＵをつくる現場Ⅰ

誰も作ったことがない地下足袋を

㈱高砂産業

兵庫県高砂市
http://takasagosangyo.web.fc2.com

㈱高砂産業会長
加古秋晴さん

激動の時代を駆けた創業者

ＳＯＵ・ＳＯＵからの地下足袋の新規発注を引き受けるか否か。当初、社内の意見は反対の一色だった。「こんな発注が続くわけがない。利益が取れるとも思えない」。そんな社内の声を一蹴したのは、高砂産業の創業者である加古秋晴会長だったそうだ。

「あれだけ熱心に言ってくれるんや、ウチでやったらええやないか。やってみる前から、コケるかどうかなんて誰にもわからんものや」。

社内でただ一人、ＳＯＵ・ＳＯＵを擁護した理由を問われると、加古会長は懐かしそうにこう振り返る。

「確かにあの時点で、ＳＯＵ・ＳＯＵと取引するリスクは高かった。ただ、ＳＯＵ・ＳＯＵの若林君は、どうも若い頃の僕に通じるものを持ってるような気がしたんです」。

兵庫県高砂市は、播磨臨海工業地帯の中核に位置する工業地帯だ。加古会長は、この町で生まれ育った戦中派の叩き上げ経営者である。若い頃は大学進学を志して勉学に励んでいたものの、母親が亡くなったことで進学をあきらめざるを得なくなった。学校卒業後は大手ゴムメーカーの柴田ゴム工業㈱（現・シバタ工業㈱）に入社。工場で生産管理の仕事に携わった。

そこで10年以上の経験を積んだのち、加古会長は、柴田ゴム工業の１００％下請け会社として設備の一部を譲り受けて高砂産業を創業した。当時の加古会長は、まだ31歳。１９６９年、アポロ11号が月面着陸を成し遂げた、記念すべき年だった。

創業直後は波乱が続いた。１９７１年にはニクソンショックが起こり、日本国内の経済情勢も多大な余波を受けた。日本からの対米輸出には急激なブレーキがかかり、柴田ゴム工業からの発注量も大幅に減少した。

「下請会社というものは、いつの時代も大企業の調整弁にならざるを得ない。そして、当時は、アメリカがくしゃみをすれば日本が風邪をひく、そんな時代やった」

創業後最初の危機を迎えて、加古会長が向かったのは、㈱アシックスの前身にあたる鬼塚㈱だった。

加古会長には、柴田ゴム工業での勤務時代、鬼塚との間に忘れられない縁があったという。

「鬼塚の若い営業マンが、共同開発を柴田ゴム工業に要請して来たことがあったんです。それがなんと、南極大陸に行ける靴を作りたいと言うんや。それにはマイナス30～40度の過酷な環境下でも使用に耐えるように、長靴形状をゴムで設計し、かなり細密に加工成形する必要がある。通常のシューズと違って専門性が高すぎるから、彼らの手には負えんということでね」

たとえ開発が成功したとしても、需要が見込めるのはせいぜい数百足。労力に見合う収益が取れるとは思えない。しかし加古会長には、この仕事こそ、社会的な要求なのではという予感があったという。加古会長は、渋る上司を説得して許可を取りつけ、自身の権限内だけで製造を請け負うことにした。

サイズごとに作られている地下足袋の型

「鬼塚も当時はまだ、神戸市長田区で細々と営業していた小さな町工場やった。しかし当時から、彼らは他のどの会社も作らないものを作るという企業姿勢を持っておられた。それが、後の世界的ブランド・アシックスにも引き継がれていく鬼塚の強さやったんや。僕は、その後も高砂産業が経営上の岐路に立たされるたびに、あの時作った南極ブーツのことを思い出したよ」

「これは加古さん、南極ブーツではお世話になりました」。鬼塚の担当者は、加古会長の来訪を快く迎えてくれたという。そして、1972年。高砂産業は、鬼塚ブランドの登山靴と少年サッカーシューズの製造を、一手に受注することになる。

機能性とデザインを追求

「柴田ゴム工業が僕の生みの親だとすれば、鬼塚は育ての親。鬼塚さんと仕事をしながら、僕は技術を学び、品質管理を学び、デザインを学ばせてもらった」

当時の鬼塚の生産スタイルは「1工場に1アイテム」。スポーツシューズの生産は、競技種目によって担当工場を変える。そうすることによって、その分野に精通する専門工場を育てるのだ。

やがて1977年、数社合併の下にアシックスが誕生する。その後のアシックス・ブランドの隆盛は、留まるところを知らぬ勢いとなった。

当時は大手企業との付き合いさえあれば安泰という風潮だった。下請け工場は、1アイテムを数万足作るという仕事を続けていれば、楽に安定して儲けることができた。しかし、加古会長はそこに安住することの危険性をよく知っていた。

「大企業中心のものづくりばかりしていたら、下請けは、その時々の経済情勢にずっと振り回され続けることになる。会社に力と勢いがある時にこそ、次の商品のことを考えなあかんのです」

加古会長が掲げた次の経営方針は、大胆にも「脱アシックス」。そこから高砂産業は、主力製品をオリジナルの軽登山靴、渓流釣りや林野作業用の地下足袋にシフトした。

「100足でも50足でも、いや10足でもいい。これを作ってくれと求められるものを作っていこうと思った。専門的で面倒くさくて小ロットで、誰も作りたがらないようなものを作ろうと決めたんや」

加古会長は、アシックス側に事情を説明し、円満にアシックスとの取引を停止した。周囲の人々は、せっかくの大口取引をなぜ辞めるのかと加古会長を責めたというが、加古会長自身は、当時の自身の判断に間違いはなかったと振り返る。

「賭けではあったけどね。しかし、結果的には僕がアシックスから離れた数年後、アシックスは、ほぼ全ての主要製品を中国生産に切り替えてしまった」

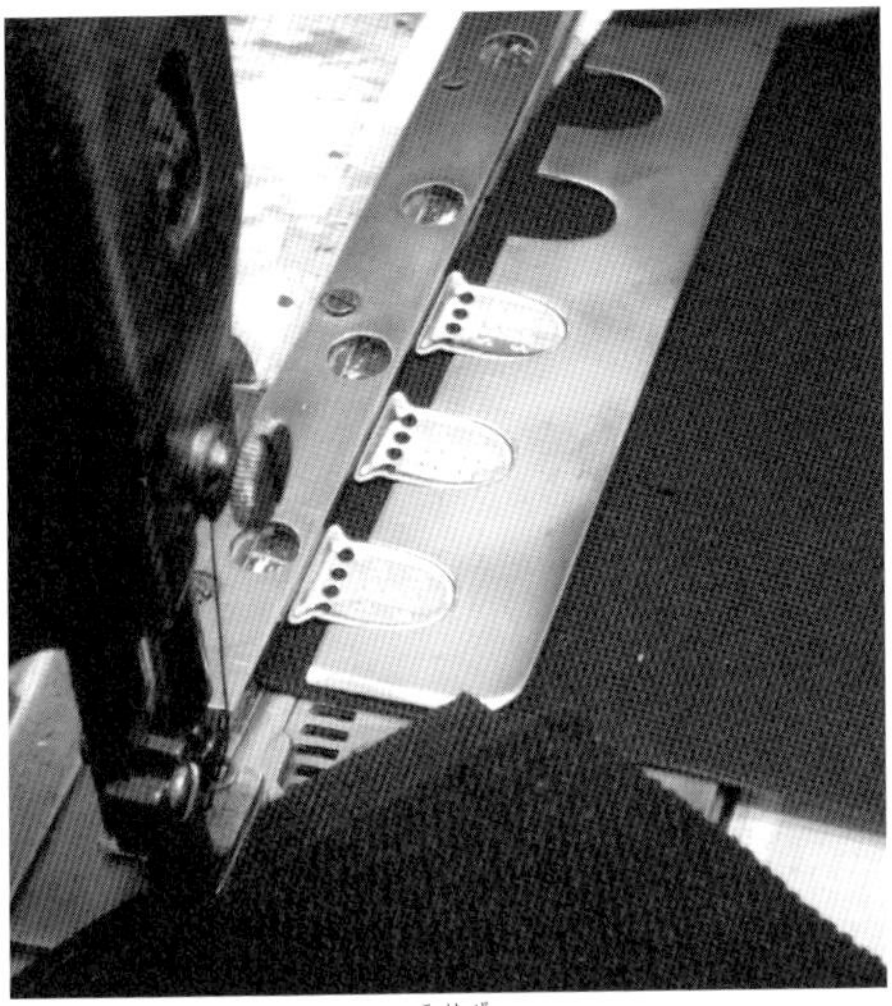
SOU・SOUオリジナルの小鉤《こはぜ》(足袋の留め具)を縫い付ける

高砂産業は、その後も釣りや林業用のスパイクシューズ、サーフィン用のシューズなど、専門性の高い作業靴の分野でヒットを飛ばし続けた。林野用途なら滑らないゴム製スパイクを、農業や釣り用には完全防水仕様のブーツを、サーフィン用途なら足裏にフィットするスポーティなデザインを……。それら高砂製品の一貫した強みとは、作業内容や環境に応じた緻密な機能設計とデザインだ。それは同時に、小回りの利く多品種小ロット生産と、そのひとつひとつに行きわたる丁寧なものづくりの結果でもある。

だから、時代の流れがいくら中国生産に傾いたとしても、高砂産業の姿勢が揺らぐことはなかった。高砂産業にとっては、生産の規模も、また必要な技術のレベルも、海外生産とは全く相容れるところがなかったのだ。

「僕は、海外生産が頑なにダメやとは思いませんよ。アジア全体の製造業のレベルを上げていくのも、大事なことやからね。しかし、高砂産業の技術力は、僕たちの創業40年の歴史であり財産でもある。苦労してせっかく育てたものを、みすみす全部海外に渡してしまう理由もないでしょう。それに、技術をしっかり守って受け継いでいかないと、このままでは、日本はものづくりができんようになってしまうよ」

現在、高砂産業で縫製を担当している社員の中には75歳の職人もいるそうだ。もちろん、プロ中のプロである。それに加えて、最近では若手の新規採用と育成にも力を入れるようになった。

「ユーザの求めるものを具現化する力、とでも言うんかな。ものづくりの根幹にかかわるような能力については、今後も絶対に日本国内に残していくべきです。そして、我々も若い人を育てなあかん」

良きパートナーとして

「若林君は非常に強い情熱を持って、日本の伝統を守りたいと話してくれた。それを信じて力を貸すのも、僕の社会的な役目のような気がしたんやな」

街歩き用の地下足袋。それは、作業用の地下足袋に特化して成長を続けてきた高砂産業にとっても、初めての試みとなった。特に、これまでの製品には必要なかった布地の柄合わせなどの手間は、従業員から嫌われた。「こんなに手間をかけたって、どうせ今回限りなのに」と不満の声も挙がり続けた。しかし、加古会長には予感があったという。「1年後にきっと面白い結果が跳ね返ってくるから、もうちょっと、やってみようやないか」と、従業員を説得し続けた。

柄合せしてひとつずつ丁寧に縫製される

加古会長の予感はすぐに的中した。SOU・SOUからの発注量は右肩上がりに増えていき、出会いから約10年が経った現在では、総生産量の約3割をSOU・SOUの地下足袋が占めるまでになった。

「SOU・SOUが成長しているのは、今の時代が求めるものを作っているからです。高砂産業も、これまでずっとユーザの声を聞き、機能美をコンセプトにものづくりをしてきた会社やから、そのことがよくわかる。従業員たちも次第に素直にSOU・SOUの地下足袋に共感するようになって、いいパートナー関係を築くことができた。我々は結局、ものづくりの根底の部分で、お互いに通じるものがあったんや」

「僕はね、若林君を見ていると、どうも南極ブーツのことを思い出すんや。懐かしいな」と笑う、加古会長。「他の誰も作らないものを作り続ける」。そんな高砂産業の40年間とこれからが、次の世代に日本のものづくりを伝えるための礎を築いていく。

2

かわいくてポップで欲しくなる、これが一番大事

平成二十二年「雲龍」

地下足袋こそインターナショナルだ

展示会が終わると、地下足袋はそれまで低迷していたＳＯＵ・ＳＯＵ史上、最大のヒット商品となった。会社の売り上げは見事にＶ字回復を果たした。低迷し続けていた東京店も、完全に復活を遂げた。

あの時、高砂産業の加古社長が、たとえ渋々であろうとオーダーを受けてくださっていなければ、そして、加古会長が工場内の反対を説き伏せて生産を進めてくださっていなければ、ＳＯＵ・ＳＯＵは消えてなくなっていただろう。今だから言えるのだが、当時は会社の資金も底を尽きかけていて、首が回らなくなりつつあった。そんな状況の中で、地下足袋が僕たちの救世主になってくれたのだ。地下足袋をやって本当によかった。

さて、地下足袋がブレイクして、すっかり調子に乗っていた僕は、次のステップとして２００４年９月、東京・青山に「ＳＯＵ・ＳＯＵ足袋」を出店した。

青山は海外の一流ブランドが立ち並ぶステータス性の高い街で、インターナショナルだなんて言われている。でも、実際そこで大きな顔をしているのは海外のブランドばかりで、街中を歩いていても青山という場所の独自性は案外低いと感じる。本当に青山が日本におけるインターナショナルな街だというのなら、日本らしさが色濃く感じられるブランドの店がもっとたくさんあるべきだ。

当時の僕は、どこか世の中に対する反骨心みたいなものを抱えていたのだと思う。地下足袋がどんどん売れる一方で、まだまだ地下足袋の良さをわかってくれる人は少なかった。何人もの人に「地下足袋？　そんなもん、誰が履くの？」と言われ続けていたのだ。地下足袋に対する偏見を取り除くために、イメージアップを図り、「地下足袋なんてダッサいよ」と言う日本人の意識から変えていく必要があると思った。

もし、ＳＯＵ・ＳＯＵが「青山に店舗がある地下足袋ブランド」なら、周りの目も少しは違ってくるだろう――。僕は、そのためだけに青山という場所を選んだ。しかし同時に、地下足袋こそ青山にあるべきインターナショナルな商品だとも思っていた。

作業用品店で販売されている地下足袋に比べると、ずいぶん高価なＳＯＵ・ＳＯＵの足袋だが、青山界隈の価値観では安いと感じるものらしい。そんなことも手伝って、青山店は堅調に売り上げを伸ばしていった。

洋装は、もうやめだ

足元だけ地下足袋っていうのは、確かにしっくりこないな――。

当時、ジーパンに地下足袋を合わせて履いていた僕は、鏡に映る自分の姿を見て、ふとそう思った。

そして自然と「今後、和装は避けて通れない」と考えるようになった。

今まで作っていたいわゆる「洋装」は、もうやめだ。洋服なんて、今の日本にはあり余っている。メーカーやデザイナーの数だってもう飽和状態だ。それに引き替え、歩みが止まっているのは和装だ。着物も浴衣も売れない。だから、昔ながらの織元や染め業者も「売れない、売れない」と言って悲鳴をあげている。

だけど本来、日本で和装が売れないということはないはずだ。日本人に着物はよく似合う。ハゲた冴えないおっちゃんだって、ひとたび着物を着れば、どこぞの会社の会長みたいな貫禄が出たりするものだ。

僕は、日本の生地や染めの技術を使って〝なんちゃって〟でもいいから、和装の入り口を作りたいと思った。それをきっかけとして和装がまた売れるようになれば、潤うのは生地屋や染め屋だけじゃない。着物に合わせて持つ鞄もスポーツバッグじゃなくて、かごや風呂敷に変わるだろう。家を改築する時には、一部屋に畳を入れてみようと思うかもしれない。今日はケーキじゃなくて和菓子にしようって気分になるかもしれない。

もしも、今の世代で和装文化を盛り上げることができれば、それを機に日本の文化全体が生き返るんじゃないだろうか。そんなことを考えていた。

では、実際に現代人が着やすい和装ってどんなものだろう？

それを理解するのに一番手っ取り早い方法は、自分で着てみることだ。僕は、ある日Tシャツとジーパンを脱いで、まず手始めに作務衣に着替えてみた。外を歩くと、なんだか視線を感じてそわそわする。ちょっと恥ずかしいような気もする。――なんで、恥ずかしいんだろう？

周りの環境とか、どんな人が着ているとか、そういうイメージがファッションにとってはとても重要だ。「今どき、作務衣なんて誰も普段に着ないよな」。そんな風に思ってしまうようではいけない。「作務衣を着ている＝粋でカッコいい！」。そういう方向に持っていかねばならない。

ところが実際、僕がとりあえず着てみた作務衣は、どうもカッコいいとは思えなかった。なんで、袖口にゴムなんか入ってるんだ？　着丈だって、ちょっと短すぎないか？　本職の方にとっては不都合ないのだろうけど、普段着として着るには少しデザインの改良が必要だ。僕は、試行錯誤しながら少しずつ作務衣の形を変えていくことにした。

次に、デニムとかヒッコリーとか、カジュアルな生地を使って着やすい着物を作ってみようとも考えた。僕自身がストリートカジュアル上がりだから、ついつい安易にそう思ってしまったのだ。今思えば、そんなものはファッションの流行にただ迎合するだけの思考で、今のファッションデザイナーによくあるパターンなのだけれど。恥ずかしながら10年前の僕も、まさにそこに乗っかろうとしていた。

僕がデニム着物の案で頭をいっぱいにしていたちょうどその頃、脇阪さんがある女性を連れてSOU・SOU京都店を訪ねてくれた。銀座松屋でのバイヤーを経て、当時、東京生活研究所を主宰されていた山田節子さんだった。

山田さんにデニムの着物を見せたところ、「あなた、木綿の着物を作るなら伊勢木綿はどうかしら。知ってる？」と尋ねられた。山田さんは「とてもいい素材よ。一度見てみたら？ 織元の臼井さんを紹介するわ」と言って、すかさずその場で織元さんに電話をかけてくださった。

後日送られてきた生地サンプルを見て「これはいい！」そう思った。早速僕は、脇阪さんたちと一緒に三重県津市の伊勢木綿織元・臼井織布㈱へ出向いた。

100年前の織機が織り出す独自の風合い

伊勢木綿は、江戸時代から250年以上も続いている伝統の織物だ。その最大の特徴は、生地が弱撚糸《じゃくねんし》で織られていること、とにかくこれに尽きる。

通常の糸は、2本の糸を強く撚って1本の糸にしてある。双糸《そうし》と呼ばれるこの糸は、強くて切れにくいのが特徴だ。ただし、ギュッと強い撚りをかけた糸で織ると、生地は当然硬くなってしまう。一方、伊勢木綿の糸は1本の単糸《たんし》、それも2～3回しか糸に撚りをかけていない弱撚糸と呼ばれるものを使用している。この糸で織った生地は、洗濯をした時に糸が綿《わた》に戻ろうとするので、洗うたびに柔らかさを増していく。洗えば洗うほど、着れば着るほど風合いが増して、しわにもなりづらくなる。

初めて訪ねた臼井織布さんの工場は、それはもう、ビックリするくらいボロかった。床は年季の入った土間で、黒光りしていた。織機も見るからに古く、現役で働いているのは40台中20台のみだった。しかも、その織機で織った反物をチェックしたら、織り始めと終わりの両端10メートルくらいの範囲は、耳の部分がガタガタだ。反物のど真ん中には糸を結び合わせた跡まである。こんなんで、果たして使い物になるんだろうか？

しかし、グシャグシャと糸がはみ出した耳の部分をよく見てみると、一本の糸が輪っか状になって繋がっているのがわかった。これは織機のシャトルが左右に行き来する時にできる輪で、伊勢木綿の布が一本の糸で織られていることの証拠でもある。今どき、こういうものを織るのには人手も時間もかかりすぎる。昔ながらのものづくりをされていることはすぐにわかった。

まあ、１００年前の織機なら布のど真ん中で糸が足りなくなって糸を結び合わせるというのも、当たり前のことなのかもしれない。

「昔の織機やからねえ。こういうもんですに」

臼井さんは、実にあっけらかんとしていた。

強くて切れない糸は、それ故に高速で織ることができる。高速で織れるということは、安いコストで

100年前から働き続ける織機

作れるということでもある。ところが、伊勢木綿の単糸は柔らかくて簡単に切れてしまうから、昔の織機を使ってゆっくり織らねばならない。つまり、現代の織機を使う場合のようなコストダウンは望めない。でもそれは、あくまで生産実務上の問題だ。

１００年前の織機は、確かに時代遅れだと言われるだろう。でも、この織機も含めて伊勢木綿という伝統なのだ。織機自体が若返ることはないのだから、この先も品質の向上は求められないだろう。それどころか、ゆるやかに落ちていくはずだ。たとえそうだとしても、弱撚糸の単糸でなければ、そして１００年前から使われてきた織機でなければ、この肌触りや風合いは実現できない。それを思うと、伊勢木綿の持つこの魅力は現代の織物には逆立ちしたって真似できないものだ。

現代の織物では、伊勢木綿の代わりは決して務まらないのだから仕方がない。それを含んで、この伝統的な織物と付き合うか、それとも付き合わないか。選択はそのどちらかしかないのだ。

「時代の流れに合わないから」と切り捨ててしまうのは簡単だ。でも、それは伊勢木綿に「もうお役御免だ」と突きつけるのと同じことになる。伊勢木綿がどうってことのない、ただのありふれた布だったらそれも致し方ないが、江戸時代に始まり、この先もずっと残していきたい素晴らしい伝統工芸品なのだから、そうはいかない。

仕方ない、腹をくくろう。伊勢木綿の歩調に、こちらが歩みを合わせるのだ。僕は、伊勢木綿の伝統と肌触りの素晴らしさを、ＳＯＵ・ＳＯＵで発信していかねばと思った。

僕は臼井さんにお願いして、先染めで織った格子や縞の反物をたくさん見せてもらった。江戸時代から変わってない柄だというけれど、意外に悪くない。先染めの糸で柄を出す、その独特の味わい深さもいい。奢侈《しゃし》禁止令の時に作られた柄なんかは、ちょっと渋すぎるきらいはあるが、配色を変えれば面白くなりそうだ。


次に考えたのは、白生地へのプリントだ。肌触りの良さという伊勢木綿の一番いいところだけを残して、柄は、ＳＯＵ・ＳＯＵのポップなテキスタイルに塗り替える。手ぬぐいひとつとってみても、きっと他にはない、かわいくて使い心地のいいものができるだろう。

しかし、伊勢木綿はそう甘くはなかった。

なんと、最初に着物を50反染めたうちの35反がプリント不良のB反になってしまったのだ。普通に出回っているさらしの生地と違って、なぜか思い通りに染まらない。そのことをボヤいてみても、染工場からは「いつも通りやってるんだけど……」とか「伊勢木綿は生きている感じやな」なんてことを言われるだけ。

実際に商品化するまでの試行錯誤は長く続いた。回数を重ねるごとにコツはつかめてきたものの、いまだにロスも多い。ファッション業界の人から見れば、ＳＯＵ・ＳＯＵのやり方は信じられないほどの非効率ということになるのだろう。だからといって「はい、さいなら」というわけにもいかない。初めて挑戦することには、こういうことはつきものなのだろうから。

伊勢木綿は、織りも染めも手のかかる素材だ。ただ、少々のキズでもすごく気にする人もいれば、「これも味だね」と取り立てて気にはしない人もいる。従来のアパレルメーカーでは許されなかったことも、ＳＯＵ・ＳＯＵのお客様は許容してくださる方が多い。そういうことも、続けるうちに段々わかってきたことだ。

僕も、ちょっとした織りキズなんかは炊き込みご飯の「おこげ」だと思うようにした。別に焦げなきゃそれでもいいけど、焦げたら焦げたでそれもおいしい。

ニーズを見失った伝統

伊勢木綿のいろんなアイテムを発表してしばらく経った頃、知人に誘われて有松鳴海絞りの展示会に出かける機会があった。

有松鳴海絞りは、名古屋市内、有松・鳴海地域の伝統工芸品だ。約４００年前から続く由緒ある特産品で、古くは江戸時代に東海道を旅する人たちが、故郷へのお土産に絞りの手ぬぐいや浴衣を買い求めたと言われている。

有松鳴海といえば、国内有数の伝統ある絞り染め産地だが、展示会は例年、地元名古屋だけで行われていた。京都室町で開催されるのは、その年が初めてということだった。京都の室町といえば、呉服の本場だ。開催側も、初の遠征にずいぶん気合が入っていたらしい。

会場はデパートの催事場のような雰囲気だった。ひと通り展示品を見るも、さほど興味をそそるものはない。自分には関係のなさそうな高級絞り着物、あるいはオバサンが着るような絞り製品……といった印象だった。十数社の絞り業者が展示物を出品していたが、個人的にはパッとしないものが多いと感じた。

ただ、絞りの風合いは、プリントには決して出せない味わい深いものだ。手仕事ならではの魅力があって、生地の適度な凹凸感もいいし、ひとつひとつ絞りの表情が異なるところも面白い。

見せ方ひとつで、もっと上手いプレゼンテーションができるだろうに、この会場からは、「絞りの魅力を伝えよう」という意思があまり感じられなかった。ここにあるのは、ただ、各社の技巧のすごさを自慢するような展示だけ。業界内だけで「すごいですね」なんて褒め合っているだけでは、エンドユーザーであるお客様の心は動かない。それどころか、かえって逆効果だ。

展示会のコンセプトやテーマが明確でないから、会場がバラバラに見える。もっと展示会場全体を使って、ひとつのストーリーを表現すべきだと思った。

ところが、連れて行ってくれた知人に対して、僕が言いたい放題の感想を伝えた数日後。なんと「次の展示会のプロデュースを若林さんに頼みたい」と、有松鳴海絞りの一社が言ってこられた。少し悩んだものの、とりあえずお引き受けすることにした。

まず脇阪さんと打ち合わせをし、次に作るアイテムを決めた。ＳＯＵ・ＳＯＵがプロデュースすることによって、絞りの柄や色使いはずいぶんポップになった。定番の浴衣に加え、カジュアルなＳＯＵ・ＳＯＵ流の和装も作成した。

会場構成は辻村さんにお願いした。さすがに辻村さんが手掛けただけあって、すごくモダンに仕上がった。翌年行われた京都での展示会は、会場内の空気も昨年とは全く違ったものになって、出展者の方もすごく喜んでおられたと思う。

僕は、作り手や売り手たちが純粋に絞りのことを好きで「こういうものがいいんじゃないか」と素直に考えて作るなら、本当は、すごく売れるものができるはずだと思う。しかし今の絞り業界は「どうやったら高く売れるか、どうやったら一反あたりの利益が上がるか」と考えてしまっている。絞りの価格設定は、絞りが細かく、技術を要するものになればなるほど、反物の価格が上がっていくという仕組みになっている。本当は1反10万円でいいはずのものを「もうちょっと細かい技術を入れたら15万円まで価格を上げられる」などという邪念がちらつくようになってしまったら、ものづくりはおしまいだ。

作り手、売り手自身が好きになれるもの、お客様にお勧めしたいものを作って売る。そうしてこそ、お客様が満足してくださって利益が上がる。それが本来、商売のあるべき姿だったはずだ。それなのに、有松鳴海絞りはいつからか違う方向に行ってしまったようだった。

国産へのこだわり

有松鳴海絞りに関わるようになって初めて知ったのだが、実は、有松鳴海絞りには国産品がほとんどなかった。なんと、絞りのうち約90％が、中国をはじめとする外国産だというのだ。これには驚いた。この産地に来て絞りを買ってくださるお客様も、それを知ったらきっと同じようにビックリされるだろう。

今はどうなっているのか知らないが、当時は、観光名所の絞り会館で売っている商品ですら有松鳴海絞りという表示はあるものの、中国製と明記されたものは見当たらなかった。絞りの作務衣が1万2千円くらいで売っているものだから、産地で買えばこんなに安いんだ！　と僕が驚いていたら、実は中国製だったなんてこともあった。

たとえば、これがもし牛肉だったらどうなるのか？　ある意味、産地偽装じゃないか。牛肉と違って世間から糾弾されないのは、ただ世間の人たちが有松鳴海絞りにさほど興味がなく、中国製でも有松鳴海製でも、どっちでもいいやと思われているからだ。

僕は、有松鳴海絞りの委員会の方々にもそう伝えた。

「本当に有松鳴海絞りを復活させたいなら、今のうちに手を打たないとダメだと思います」

僕が話をした人のうち何人かは、きっと、頭ではわかっていたはずだ。


産地の人たちがどこまで本気で考えているかはわからないが、中国製が存在する限り、国産品は価格面では太刀打ちできない。今後、ＳＯＵ・ＳＯＵを含むさまざまなプロデューサーが、有松鳴海絞りをＪＡＰＡＮブランド育成支援事業としてプロデュースしていくことを考えれば、たとえ今は90％が中国製だとしても、残りの10％の国産をブランディングし、育てる努力をしなければいけないのではないだろうか。この先、何かのきっかけで世間の注目が産地に向き始めた時、「今では9割が中国製になってしまった有松鳴海絞りですが、近年は国産が見直されてきています。ＪＡＰＡＮブランド育成支援事業に取り組むなどして、産地の復活に力を入れているところです」と言える状況にしておくべきだと思った。そう言えるのと言えないのとでは、世間のイメージが全然違うからだ。

というのも、ＪＡＰＡＮブランド育成支援事業のように税金を使って行われる事業の趣旨は「国産技術の継承あるいは復活」であるということが前提だ。ただ絞りの製品を作って売るためだけなら、中国で作ろうがどこで作ろうが一向に構わない。もし有松鳴海絞りに人気が出て売れるようになったら、現実問題として、どれだけ頑張っても国内生産では全然供給が追いつかないだろう。いざその時になったら、海外に委託することを考えればいいのだ。


僕が思うに、国産というのは、いわば「家柄」のようなものだ。国内産地で何百年もの間営み続けてきたというバックグラウンド自体に価値がある。それが、ブランドというものだと思う。

たとえば今、長嶋監督がバッターボックスに立ったら、野球ファンは老いも若きも熱狂してワーッと大歓声を上げるだろう。打てるとか打てないとか、もはやそんなことを問題にする人はいない。「すごい！　長嶋だ！」ただそれだけで人の心を大きく揺さぶる力がある。それも、日本の球界で素晴らしい実績を作ってきた人ゆえのことだ。それが長嶋という選手のブランドの力なのだ。

ＳＯＵ・ＳＯＵにとっての「産地」や「国産」という要素も、それと同じだと思っている。

僕が有松鳴海絞りの委員会に出席して繰り返し訴えたのも、そういうことだった。

「これからは、今までのように中国製に依存しっ放しじゃなくて、国内でもっとたくさん板締めを絞るっていうのはどうですか？　技巧ばかりに重点を置いて中国に生産を依存するよりも、国内産地で絞った板締めのほうが、伝統工芸品としての価値があります。現に、展示会でも板締めの雪花《せっか》絞りがすごく好評でしたよね」

板締めとは、伝統的な絞りの中の一技法だが、なんといってもその特徴は、非常にシンプルな工程で作られることだ。

白地の布を折り畳み、それを板ではさんで締める。染料の中に折り畳んだ布の一部をちょん、ちょんと浸したら、板を外して水にさらす。なんと、これだけでおしまい。染色工程だけでいえば、せいぜい十秒くらいで染め終わってしまう。それでいて、布の畳み方や染める色を変えるだけで、全然違った柄が浮き出してくる。この過程も不思議で、なんだかワクワクする。シンプルながら奥が深くて、すごく面白い絞りだと思う。

国産を守るためにも、また生産性を高めるためにも、手間暇のかからない板締めをやったほうがいい。板締めはきっと人気が出るはずだから、その需要に応じてみんなでたくさん絞ればいい。僕は、誰にでも思いつくような当たり前の提案をしたにすぎなかった。

このことは僕が今さら言うまでもなく、板締めの伝統工芸士・鵜飼良彦さんがずいぶん前から産地内で提言されていたことでもあると聞いている。にもかかわらず、この時はまだ、有松鳴海絞りの産地の中に、それを信じてくれる人はほとんどいなかったように思う。

僕はそれまで、仕事の疲れというものは、それなりに心地よい充実感を伴うものだと思っていた。けれど、有松鳴海絞りの委員会から京都に帰ると、もうぐったりだった。ある日、頭皮に違和感を覚えて鏡で見てみると、正体不明の巨大な白いかさぶたができていた。こんなことは初めてだった。

僕の言うことに耳を傾けてはくれるが、本音では全然信じてもらえていないだろうな――。そう感じることは、大変なストレスだった。

シンプルな技術に着目する

僕は、有松鳴海絞りの産地に関わるようになってから、名古屋芸術大学の教壇に立つようになった。授業では、学生たちを実際に産地に行かせ、工場で絞りの実習をやらせてみた。僕が一番好きな板締めを作る㈲張正《はりしょう》と、有松一素晴らしい設備を持つ㈲絞染色・久野染工場に協力をお願いした。

そして、２０１１年5月には、僕のクラスの最初の卒業生を絞りユニット「まり木綿」として産地でデビューさせた。実習でもお世話になった久野染工所さんに預かっていただく形で、工場の一角を使わせてもらえることになった。まり木綿は、そこで独自の制作活動を行いながら、有松駅のそばに久野さんのギャラリースペースを借りて、ショップも同時オープンさせた。二人とも大学を卒業したばかりで右も左もわからない、全くの素人の若い女の子だった。

一般的には、絞りの世界なんかに入っても厳しいだけだとよく言われる。何年も下積みの修業をして、ようやく上手く絞りができるようになっても、仕事があるかどうかはわからないし、それで食っていけるかどうかもわからない。それなのに、まり木綿の二人は学校の授業でちょっと習っただけの板締め絞りを武器にして、何の下積み経験もないままプロの絞り職人に仲間入りしてしまった。

そんな、ビックリするようなことを可能にした最大の要因は、先に述べたような「板締め」という技法のシンプルさにある。板締めは、簡単なものなら未経験者でもすぐに絞って染めることができるくらい、特殊なテクニックを必要としない絞りなのだ。

ところが、産地の古い職人たちの一部は「板締めなんか、絞りのうちに入らない」と思っている節がある。一生懸命修行して、細かい絞りを何万粒も絞ったもののほうが価値があると思っている。

僕だって、彼らの言うことをまるごと否定するつもりはない。巻き上げ絞り、縫い絞り、手蜘蛛絞り、嵐絞り――複雑な絞りほど卓越した技術が必要であることには違いない。だけど、たとえ何年、何十年も必死で修行してようやく絞れるようになったとしても、それで仕事がないのでは技術を受け継いだ意味がない。

まり木綿の絞りが売れるのは、板締めだからではない。商品自体に魅力があるからだ。ポップで色鮮やかで、すごくカワイイから欲しくなる。売れる理由なんて、それ以上でも以下でもない。

板締め、とりわけ雪花絞りには、産地復興のチャンスがある、と僕は職人さんたちを前に訴え続けた。比較的容易な技法だから、コツをつかめば素人でも絞ることができる。畳んで染めて、すぐにものができあがって……という手軽さも、図らずも現代のスピードには合っている。仕上がる柄も大胆でポップ。それでいて、大量生産のプリントにはない、手仕事ならではの魅力がある。

板締めは、きっかけ次第で大流行する可能性がある、と僕は読んでいた。しかし、当の産地の人たちはそれには懐疑的だったと思う。

ちなみに当時、中国で作らせていた有松鳴海絞りは、技巧的でややこしい絞りだけ。板締めの製品は、中国生産すらしていなかった。みんな、「板締めなんか」と言ってあまり興味を持たなかったのだろうか。板締めの雪花絞りを本業でしっかり染めていたのは、有松の張正さんただ1軒だけだった。若手のまり木綿を加えたとしても、有松にたったの2軒、それだけだ。

「絶対売れます。そして流行ります。その時のために、皆さん張正さんに教わって、今のうちに板締めを始めるべきです」

僕はそう提案した。


そして、2年後の夏。サントリーの発泡酒「金麦」のCMで、絞りの浴衣を着た女優が全国のテレビやポスターに姿を現した。浴衣は、さわやかな紺の濃淡が美しい、「板締め、雪花絞り」のものだった。張正さんが染めた浴衣だ。

視聴者の間では「あれはどこの浴衣？」と大いに話題を呼んで、瞬く間に大ブレイクした。SOU・SOUの在庫も一瞬でなくなった。もちろん張正さんは大いそがしで、絞って絞って絞りまくったのだろうけど、全然生産が追いつかなかったのだと思う。果ては、ブームに乗っかって板締め雪花絞りのプリントをしたまがい物を流通させる業者まで出る始末だ。

結果的に、有松鳴海絞りの産地は、大きなビジネスチャンスをみすみす見逃してしまったとも言える。あの時、みんなで板締めを始めていれば、張正さんだけじゃなく、産地の全体が多少は潤ったのではないか……。そんな風にふと考えることもある。

若者が産地のスターに

もし、今の有松鳴海地方に高度な絞りの技術を継げる人がいないとしても、全く悲観することはない。高度な技術をいかに残すかを重要視するよりも、今、産地で作れるものは何か、求められているものは何かを考えるべきだと思う。少なくとも４００年前の先達はそう考えていたはずだ。

有松鳴海には、まり木綿の二人がいる。彼女たちが作れる絞りが板締めなら、板締めをやればいい。手描きもできるのであれば、それを加えてみても面白い。なによりも、若い二人なりにできることをやって、産地の中で作ったものを「有松鳴海地方で絞られた本物」として販売することが一番大切なことだ。お客様だって、きっと喜んでくださるに違いない。

これは、伝統産業に限らずどんな業界でも言えることだが、組織が未来に向かって発展していくために大切なことは、若手に憧れと希望を持たせることだ。

たとえば、お笑いの若手芸人たちは、お金がなくて食い詰めてでも「いつかあの舞台に立ちたい」「売れたい」そして「お金持ちになりたい」という憧れだけで、長い下積みでも辛抱して続けていける。そういう若手が全国から何万人も集まってくれれば、中にはキラリと光る才能と運の持ち主だっているだろう。

芸能界という場所が一向に廃れないのは、そういった「憧れる」という仕組みがうまく作用しているからだ。

産地を活性化させるためには、若い人の力が必要不可欠だ。若い人を引き付けるようなポップでかわいいものを作らなければいけない。また、職人という仕事のカッコよさも伝えていかねばならない。そのことを、まずは古参の職人たちに理解していただきたい。そうでなければ、産地の未来は衰退の一途になってしまう。

まり木綿の二人の使命は、もう、ものを作ることだけではない。彼女たちには、ぜひ成功して産地のアイドルに、憧れの存在になってほしい。そうなることで、第二、第三のまり木綿が産地に生まれる可能性も高くなる。

まり木綿のテレビ出演実績は、昨年1年間で10本あまり。新聞、雑誌や地域のミニコミ誌への掲載に至っては、50誌以上にもなる。ＳＯＵ・ＳＯＵの記事の一部に有松鳴海絞りが紹介されたところで、産地の人たちが気付いてくれるかどうかも怪しいが、まり木綿が取材を受けてローカル誌に載ったら、産地の人たちは喜んでくれるし、地元のお客様も嬉しいだろう。当然、お店に足を運んでくださる方も増える。本人たちも嬉しいだろうし、やる気も上がると思う。

そんなわけで、すっかり地元メディアの常連になっていそがしくなったまり木綿だが、彼女らは、実はたった二人きりで工房とお店の両方を営んでいる。片方がお店で接客をしている間、もう片方は工房で制作をするのだ。どちらも常に1人だから、生産性は悪い。

仕事がなくて、手が余ってしまうようならＳＯＵ・ＳＯＵの商品を作ってくれればいいかなと思っていたけれど、目下のところ、そんなことにはならなさそうだ。

きっと今も原宿あたりに行けば、たくさんの新人服飾デザイナーがデビューしているのだろう。だけど、原宿でいくら奇抜な洋服を作っていても、なかなかスポットライトは当たらない。いや、たとえ20歳で新進気鋭のデザイナーとして脚光を浴びたとしても、5年経って25歳になれば、悲しいかな、少し落ち着いてしまうのが現実だ。光が当たるのは、たったの一瞬。それでも、その一瞬でいいから光に当たりたい、と切望している人が山のようにいる。

果たして、そんなぎゅうぎゅう詰めの市場にあえて参入する必要なんかあるのだろうか。そんなことよりも、才能のある若手こそ伝統工芸の産地に行ってみてほしい。若手を欲しがっている産地の人たちは、大喜びするに違いない。地元メディアだって味方になってくれるだろう。もしかすると、ちょっとした有名人になれるかもしれない。やりがいだって十分すぎるほどにある。30代はもちろん、40代、50代でもまだまだ若手、一生かけて取り組む仕事が見つかるかもしれない。

ちょっと大げさにいえば、伝統産業には「国を背負っている使命感」がある。そういうことを味わえるのは、この業界くらいのものだ。それも、カッコいいんじゃないかと思う。

職人は、歌う場のない歌手

ＳＯＵ・ＳＯＵで取り扱っている絞りには、もうひとつ京都の「たばた絞り」がある。まだまだ知る人ぞ知る、新進のブランドだ。それも当然、「たばた絞り」なんて名称は、僕が考えて付けたのだから。田端和樹さんは、京鹿の子絞り業界最年少の若手職人だ。25歳の頃に家業を継ごうと職人の世界に飛び込んだはいいが、京鹿の子絞りの世界も厳しい状況で、なかなか仕事がない。絞りの修業をする傍ら、深夜までアルバイトをしてなんとか食いつないでいくのが精いっぱいだったという。

若いながら技術は確かだし、やる気も有り余っているのに、肝心の絞りの仕事がない。これは、とても不幸なことだ。だが、田端さんに限らず日本の伝統産業は、どこも似たような状況だろうと思う。言ってみれば、「歌う場所のない歌手」みたいなものだ。古臭いからと敬遠されて、表舞台で歌えるような仕事からとことん干されてしまっている状態に近い。伝統工芸の職人さんたちは、すごい技術を持っている。でも、世間に求められていなければ、それは宝の持ち腐れだ。また、求められていないものをいくら作っても、ゴミになるだけだ。

このままではいけない――。そう思った田端さんは、強い危機感を持ってＳＯＵ・ＳＯＵの門を叩いてくれたのだ。

そんなわけで、田端さんは京鹿の子絞りの職人だったのに、僕と出会ったせいで、有松では誰もやってくれなかった板締めをいきなりやらされる羽目になった。もしかすると、心の奥底では「ホンマに大丈夫かな……」って思っていたかもしれない。しかし、彼は口にも顔にも不満そうなそぶりは一切出さなかった。僕の言うことを即座に信じて、実行してくれた。田端さんが無駄にした時間は、１日たりともなかった。

こういう人のもとに、チャンスは転がり込んでくるものだ。僕はそう思う。

田端さんは最初、僕のオーダー通りに「板締め」をやってくれた。それを続けるうちに、「こういうのはどうですか？」と、試作品を見せてくれるようになった。雪花絞りにもチャレンジしてくれて、毎晩深夜まで練習したそうだ。そうこうしていたら、とうとう雪花絞りをマスターしてしまった。

ＳＯＵ・ＳＯＵへの卸しの仕事をやっていると、「こういうものが売れるのか」という傾向が少しずつ見えてくるようになる。1〜2年も続ければ、どんなものが世の中で求められているのか、あるいは売れそうかが田端さん自身で判断ができるようになるはずだ。

「田端さん、失敗作でも買い取れるものは買い取りますよ。だから、もっと自由にやってみたらいいですよ」

職人が失敗だと思っても、実はおもしろいものがたくさんあるものだ。僕のその言葉を信じて、田端さんは本当に自由にやり始めてしまった。家の中は生地だらけで、足の踏み場もない。ＳＯＵ・ＳＯＵから依頼されたものだけで大いそがしのはずなのに、寝る暇を惜しんでどんどん絞る。でも、すごく楽しそうだ。京鹿の子絞りにこだわるあまりに仕事がなくて、深夜にアルバイトをするくらいなら、今のほうがずっといいのではないかと思う。

生地だらけの自宅兼工房も、失敗しながらも試行錯誤を続ける田端さんの姿も、買ってくださるお客様にぜひ見ていただきたいと思った。そこで僕は、田端さんにウェブサイトを作ってプレゼントすることにした。

「ブログ、絶対に毎日更新してくださいよ！　絶対！」と田端さんに念を押したら、田端さんは、これまた毎日律儀にブログを写真付きで更新されている。田端さんって、本当に真面目で素直な人なのだ。

そして、素直であることは、極めて大切な要素だと思う。

僕は嬉しかった。彼が寄せてくれる信頼に応えたいと心から思った。

ある日、ブログを見たというＴＶ番組のディレクターが、田端さんに声をかけられた。「京都で絞りを受け継ぐ職人」として番組で紹介したいとのことだった。

一個人の力でこういうことを起こせるのが、インターネットの力だと思う。一度テレビに映ると、放送を見てくださった別の雑誌やテレビ局からのオファーが入って来る。田端さんもまた、どんどんいそがしくなっていく。

最近僕は、田端さんにカート機能のついたショッピングサイトを作って差し上げた。今までのように卸しだけをしている限り、田端さんには卸価格での利益しか入ってこない。しかし、お客様に直接販売するようになれば、上代で売れるから利益も大きい。ＳＯＵ・ＳＯＵとものづくりをしていれば、これからは「もっと違うたばた絞りが欲しい」と言ってくれるお客様も増えていくはずだ。

それに何より、田端さんにもお客様とのダイレクトなやり取りを楽しんでもらいたいと思った。ブログを書いて、商品を作って、売るというところまでできるのであれば、全部自分自身がやるのが理想的だ。そして、お客様から「いいね」「ありがとう」ってお言葉をいただくことができれば、楽しさも倍増だと思う。

これまでのように問屋だけに頼ることなく、職人対お客様で商売をする。そうなると、職人のほうも商品が売れないことを問屋のせい、人のせいにはできなくなるだろう。伝統産業がこの先を生き延びるためには、こういったことも必要だと思う。どんどん衰退していく問屋をいつまでも当てにしていたら、残るものも残らない。

もし田端さんがお客様への直接販売にいそがしくなって、ＳＯＵ・ＳＯＵの仕事ができなくなっても、その時はその時だ。ＳＯＵ・ＳＯＵのほうは、また別の職人さんとタッグを組めばなんとかなる。

ＳＯＵ・ＳＯＵは、いわば小さな自社劇場のある芸能プロダクションみたいなものだ。売れない歌手がいて、仕事がなくて困っているなら、僕が作った歌をうちの劇場で歌ってみればいい。でも、売れて仕事がいっぱい入りだしたら、心おきなく離れて行ってくれたらいい。もう、戻ってこなくていいのだ。実力があるのに売れない歌手は、まだまだ他にもいっぱいいる。

デザインの質が決め手

デザイン次第で、一見パッとしないものでもポップでモダンに生まれ変わることができる。廃れかけていたものでも、デザインが良くなれば、また使ってもらえるようになる。伝統的なものに限らず、とにかくデザインの優れたものをつくれば、きっと売れるチャンスはある。

ＳＯＵ・ＳＯＵの商品を例にとると、お客様が気に入ってくださるポイントは、デザインの良さ、かわいさだと思っている。ウン百年の歴史があって、伝統的な製法で作っていますなんてウンチクは、実はあまり必要ではない。女子高校生が店に飛び込みでやってきて、「カワイイ!」と言って買ってくれる、そういうのが一番いい。その上で興味を持ってくれた人が、家に帰ってからインターネットなどで調べて「この商品にはこんな背景があるのか」ということまで含めて気に入ってくださったら嬉しいとは思うけれど、そんなのはあくまでオマケだ。ＳＯＵ・ＳＯＵとしては「かわいくてポップで欲しくなる」、この一線を絶対に死守したい。

「これが今売れないと、伝統が途絶えてしまうんです」と言ってお客様に買わせるとしたら、それはもう商売などではなくて慈善事業と呼んだほうが正しい。そんなことをいちいち説明しなくても、ポップでカワイイものなら必ず売れる。

今は廃れてしまった伝統産業にも、最盛期はあった。そしてその時は、わざわざウンチクを垂れなくたって売れていたはずだ。

それなのに、どうして廃れてしまうのか。

その理由として、今の伝統産業には、その仕事を本当に好きでやっている人の数が少ないということが挙げられる。また、近年の消費者のライフスタイルが、ガラリと欧米志向に変わってしまったことも大きく起因している。そして、戦後以降の教育が、若者たちに日本の文化的なものの価値や魅力を十分に伝えてこなかったという問題もあると思う。

しかし、現代のデザイナーたちが伝統産業を知って、見て、関わるようになれば、いろんなものがモダンに生まれ変わるはずだ。そして、それを買ってくださるお客様も増えるだろう。そうすれば、デザインもさらにブラッシュアップされていく。今からでも遅くないと思う。

今、伝統産業に注目してくれる人が１００人しかいないとしよう。その１００人の中で１人、２人の人が買ってくださるのが現状なら、次は１千人の人に見てもらって、10個、20個を買っていただけるようにしたい。それが１万人になれば、１００個、２００個になる。

１万人に見てもらえるような手を打つということ。それがＳＯＵ・ＳＯＵの仕事だ。

SOU・SOUをつくる現場Ⅱ

江戸時代から庶民に愛される伊勢木綿

臼井織布㈱
三重県津市
http://isemomen.com/

臼井織布㈱社長
臼井成生さん

伊勢木綿織元、最後の一軒

伊勢国は、土や水、天候に恵まれて綿の生育に非常に適した土地だった。かつて伊勢湾沿いには桑名、富田、白子と木綿の産地が点在し、伊勢商人たちは、それらを買い集めては江戸へ出向いて商売を繁盛させたという。江戸時代、隆盛を極めた伊勢商人たちは、妬み半分に「伊勢乞食《こじき》」などと呼ばれていた。

三重県津市にある、伊勢木綿の織元・臼井織布㈱の記録をたどると、江戸時代の中ごろに紺屋（染め屋）を始めたのが起源とされている。その後、江戸時代の末期には出機（原料となる糸を提供して、下請けの職工さんに織ってもらうこと）と並行して、自宅に織機を並べ、織物工場の体裁を整えた。特に明治に入ってからは、国の政策の後押しもあって木綿の一大産地として地域全体が好況に湧いたが、戦後、廃業する業者が相次ぎ、現在では、臼井織布が伊勢木綿の織元として残る最後の一社となってしまった。

臼井織布も、一時は津、磯山、伊賀の3工場を持ち、派手に商売を広げていたという。しかし、その

最後の一軒となった伊勢木綿の織元、臼井織物

栄華の時代を覚えている人は、今や地元にも少なくなった。そのことを、臼井成生社長はこんなふうに嘆く。

「昭和40〜50年代になると急激に生産量が減った。それでもみんな何とか会社を残そうと頑張ったけど、周囲の織元も問屋もバタバタと廃業していく。そういう時に、私が家業を継いだんです。だから私は、景気のええときを全然知らんのですよ」

臼井社長は、もともと東京の金融機関に勤めるシステムエンジニアだった。しかし、地元に戻ってこい、会社を継げとの母からの再三の求めに応じて地元に戻ったという。戻った臼井社長を待ち構えていたのは、赤字経営で廃業一歩手前、風前の灯となった会社だった。収入は、今までの4分の1になった。

臼井社長は、販路を失った会社を何とか立て直そうと、商品をカバンに詰めて全国の木綿問屋を渡り歩いた。しかし、昭和40年代からは化学繊維が入り始め、海外工場からの輸入品も出回り始めると、価格的にも国産の伊勢木綿は市場で競り合えなくなっていった。同時に日本人の生活スタイルも大きく変化して、それまでは主力商品だった和装の寝間着などをはじめとする木綿の着物は、さっぱりニーズがなくなり売れなくなった。多くの木綿問屋が、そして同業の織屋が次々に廃業していった。

臼井織布も、一時は借金が増え、銀行からも手のひらを返されたという。

「ただ、うちは製造業者であると同時に、代々、商品を企画して販売もやってきたんです。だから、周りがみんなバタバタ倒れていく中で、うちだけが辛うじて残ったんやと思う。でも、親父の代から続いてるような、いわゆる和装問屋はもう、どこも夜逃げ廃業でおらんようになってしもた。今、付き合いがあるのは新しい取引先ばっかりですよ」

〝裾もの〟としての木綿着物

伊勢木綿の一番の特徴というのは、肌触りの良さだと言われる。それを実現するのは、素材となる木綿の糸だ。伊勢木綿で使われている単糸の弱撚糸は、切れやすくて織るのが非常に難しい。また、質のいい綿を使った糸でなければ織ることすらできないという。

この糸を織ることができるのは、今や、明治時代に製造された豊田式力織機だけだ。織るスピードはごくゆっくりで、1分間に3センチ程度。1反分、約13メートルを仕上げるのに丸1日かかる計算である。

工場の一角には、古い織機の部品が所狭しと並べて保管されている。

「もう、織機の部品なんかとっくに製造してないんです。そやから、どこか織屋さんが廃業するという噂を聞いたら、全国どこにでも行って、不要になった部品を分けてもらうんですよ。あとは、作れるもんは自分で作ったりね」

そうして手をかけて織りあがった伊勢木綿の布は、糸が柔らかいのでシワになりにくい。肌触りが良く、保湿性や通気性も高い。その上、使い込めば使い込むほどに風合いを増していく。

「しかし、手間暇がかかれば値段が上がるやろ。現代人は、パソコンや携帯電話といった通信費にはお金を惜しまないけど、衣料費にはお金をかけなくなってしまった。そやから、こういうとんがった商品を売るのは結構大変や。いいものを出しても、見てもらえない」

その打開策として臼井社長が考えるのは、庶民の普段着、いわゆる〝裾もの〟としての木綿着物の復権だ。

「十数年前、ミニ丈の浴衣というのが量販店で大ヒットしたことがあったんです。浴衣と帯と下駄の3点セットで1万円程度のものやけど、それが全国の各店舗で完売するほどの人気商品になった。当時、呉服業界の人たちはあんな安もんって言って馬鹿にしたんや。そやけど好き嫌いは別として、ああいう若い娘が目を向けてくれるようなものが、今こそ必要なんやないかな」

なぜなら、伊勢木綿をはじめとする木綿素材の着物というものは、〝裾もの〟として発展してきた歴史があるからだ。もともと、木綿の着物は、呉服店の店棚の一番先端で、一番低価格で取り扱われるべき商品だった。

「それが、呉服業界も不況で、裾ものの取り扱いをやめて高級品ばかりを売る方向に走ってしまったん

です。結果としては、それがますます和装を衰退させる結果を招いてしまったんや。若い人が気軽に入口として着られるような着物、つまりエントリーモデルやな。そういうものが、店頭に並ばなくなった。エントリーモデルを大事にせな、10年、20年経ったときに買ってくれる人がいなくなるのに」

実用品としての木綿。汚してはいけないと気を使って着るような晴れ着とは違って、家庭で気兼ねなく洗えるもの。安くて気軽で、普段着として着られるもの。臼井織布は、そうした商品をラインナップの中心に据える新興着物店との付き合いを深めるようになった。また最近では、次第に呉服業界でもエントリーモデルの重要性に気付く人が増え始め、木綿着物の棚が復活することも珍しいことではなくなってきたという。

臼井社長が、知人を介してSOU・SOUと出会ったのも、そんな「普段着としての木綿着物」を展開する過程でのことだった。

「若林君は面白いな。和装業界の人でもないのに、ちゃんと本物を見抜く目を持っとる。本物へのこだわりがよほど強いんやろな。他の織物屋もたくさんSOU・SOUに営業に行ったという話を聞くけど、その中から若林君が選ぶものは、少し変わっとる。価格や扱いやすさよりも、彼は、日本の気候風土に合って、長年日本人の手によって育まれてきたものだけを拾い上げていく。そういう目利きは信頼できると思っとるよ」

「本物」の魅力を伝え続ける

「SOU・SOUは現代的な会社や。一方の私たちは、明治の会社が現在に残ったようなもんやから、考え方もものの見方もちょっと違う。例えばね、私は、先代から、人前でええカッコするな、とずっと言われてきたんですよ。でも、若林君はそれとは全く真逆のことを言う。格好は大事ですよ、お客様に与えるイメージを考えてくださいよ、と、こうや。だから、お客さんを工場に招くときは、私も格好を気にするようになったよ。ホンマは苦手なんやけど、仕方ないわ」

切れやすい糸は、人の手も不可欠

ＳＯＵ・ＳＯＵとの付き合いを通じて、今、ゆっくりと伊勢木綿自体の知名度も上がりつつあるという。臼井社長は、「もっと世間の人に見てもらえるようにするためには、どうしたらいいのか」ということを、今までよりも考えるようになった。

「今の洋服を着てる若い子って、短いスカート履いてさ、もう、目を覆うような服を着てるやろ？　でも、ＳＯＵ・ＳＯＵの「傾衣《けいい》」や「着衣《きころも》」は正当なスタイルを踏襲しつつも、若い人たちが喜んで着てくれる。それは、若林君の手腕やな。伝統産業も着物も、もっと世間のお客さんの目を意識して、時代に合わせて変えていかなあかん部分というのがあるんやに」

とはいえ、まだまだ課題は山積みだ。将来の営業計画も、見通しが立たないというのが正直なところ。市場に同業他社がたくさんあって、協会や組合があって、業界としての見通しが立つならともかく、伊

カタカタと音を立てて回る糸巻き機

勢木綿の織元は、たったの一社だ。知名度が上がっても、生産量が増えても、現状維持が精いっぱいである。決して楽観視はできない。「いつでも廃業する覚悟や」。そう口にする臼井社長だが、その口調は不思議と暗くはない。

「普通、営業っていうもんは、週に何度もお客さんのところに行って、お願いします、うちのもの使って下さいって言ってお願いするもんでしょう？　でも、うちはそういうことはしない。東京の日本橋にも、京都にも問屋連中がみんないなくなってしもた時に、ある意味開き直ったんかもしれんな。必要になったらみんな来てくれるやろって。だから、こちらから売りに行くのはやめた。それでもいつの間にか反物は全部なくなっとる、ありがたいことや」

本物の良さを知っている人たちは、今も、三重県津市の工場をわざわざ訪ねて伊勢木綿の反物を買い求めるという。

「それを考えたら、やれるうちは続けたいと思う。10年、20年後もたぶん同じようにやっとるやろな」。

一度は、時代から完全に取り残されて絶滅の一歩手前まで追い詰められた。その伊勢木綿が、今、再生への道をゆっくりと歩んでいる。

3

和装が断然カッコいい！　独自のスタイルを創る

平成二十一年「文」

ファッション界のはぐれもの

ＳＯＵ・ＳＯＵブランドを展開していくうちに、僕は、有松鳴海地方をはじめ、廃れていく伝統産業の産地の様子を目の当たりにすることが多くなった。その中で、ＳＯＵ・ＳＯＵには担うべき仕事がある、と感じ始めていた。その仕事とは、伝統産業とＳＯＵ・ＳＯＵとのコラボレーションによって、国内産地のものづくりを再び盛り上げることだ。

そのためには、僕だけが熱くなってもどうにもならない。産地の古参の職人たちが僕の考えたプランを信じてくれなければ、物事は前に進まない。

何かを動かそうと思えば、まずは相手を信じ込ませる力が必要なのだと思う。そして、多くの人から信じてもらうために有効な方法は、メジャーになることだ。メジャーな成功者の言うことなら、みんなが耳を傾けてくれる。たとえば、僕ではなくファッションデザイナーの三宅一生氏が有松鳴海に行って「やっぱこれからは板締めだよね！　皆さん、やってみるべきだよ」と言ったとしたら、産地の人々は容易にそれを信じたのではないだろうか――、なんてことを思ったりする。

僕は、自分が好きなものを作って楽しむというスタンスで、長く仕事をしてきた。でも今は、それだけではなくて「少しでもいいから日本国内の伝統産業・産地を盛り上げたい」という大義名分のもとに事業展開を考えるようになっている。ＳＯＵ・ＳＯＵもそれと一緒に成長できたら、これほど素晴らしいことはないと思うのだ。

それを実現するためには、僕たちがより強い発言力、影響力を持ったほうが物事はよりスムーズに進むだろう。それに、ＳＯＵ・ＳＯＵがメジャーになって商品がもっと売れるようになれば、産地の職人たちに発注できる仕事の量も、もっと増える。職人さんの仕事が増えることで産地は潤うだろうし、結果として、僕のプロデュースが間違っていなかったことの証明にもなると思う。

メジャーになるためには、世間に知ってもらうための努力をしなければいけない。つまりはＳＯＵ・ＳＯＵのＰＲをどんどんしよう、ということになる。ただし、定石通りのＰＲをしようとすると、ＳＯＵ・ＳＯＵというブランドにはひとつ大きな難点がある。それは、「ＳＯＵ・ＳＯＵに合うファッション雑誌がない」ということだ。

たとえば今までも、さまざまなメディアが幾度となくＳＯＵ・ＳＯＵを取り上げてくださったけれど、載ったものを思い返してみると、地下足袋や扇子、甚平、浴衣のような個別のアイテム特集に、お土産物の手ぬぐい、子ども服……。「傾衣《けいい》」や「着衣《きころも》」のようなＳＯＵ・ＳＯＵスタイルの真骨頂の衣類が雑誌に載ったことはほとんどないのだ。いや、たとえ有名ファッション誌にちょっと載ったところで、流行のファッションピープルたちが即座に「和装ってカッコいい！」という風に反応してくれることはないだろう。流行のファッション誌がダメなら、着物の専門誌はどうか？　それこそ浮きまくるに違いない。

載る雑誌がない。ジャンルが違うというよりも、ＳＯＵ・ＳＯＵが所属できるような既存のジャンルがないのだ。例えるならば、世に出て来た当初のロリータファッションのようなものではないだろうか。僕たちは、ファッション界のはぐれものなのである。

セレクトショップ時代は、雑誌に載ったアイテムがすごい勢いで売れてしまうものだから、掲載予定のアイテムをあらかじめ多く仕入れたり、載った後で慌てて買い付けに行ったりしたものだ。だが、ＳＯＵ・ＳＯＵにはそういうことが一切ない。新商品を作っても、何が売れ筋になるのかは自分たちにも予想ができない。仕方がないので、何が売れそうかショップのスタッフたちと考えを出し合いながら、在庫リスクを負って商売してきた。それがもう10年続いている。

しかし面白いのは、今まで経営してきたどのセレクトショップの売り上げをも、ＳＯＵ・ＳＯＵがすでに追い抜いてしまったということだ。

自社メディアを持つ

ファッション雑誌に載らないのは致し方ないが、新作発表や商品説明ができる場は欲しい。そんな時に便利なのが、自社ウェブサイトだ。ウェブサイトなら低コストで制作できて、しかも思いのままに発信できる。そういうわけで、僕はＳＯＵ・ＳＯＵの世界観を発信できる唯一のメディア、自社ウェブサイトに力を入れることにした。

ＳＯＵ・ＳＯＵのウェブサイトの訪問者数は、現在１日あたり約４千〜５千人ほど。このウェブサイトに新商品を掲載すると、ネットショップはもちろん、京都・東京の各実店舗でも、掲載した商品がピンポイントでよく売れる。ＳＯＵ・ＳＯＵの新商品の情報はファッション雑誌には流れないから、ごく単純にＳＯＵ・ＳＯＵのウェブサイトを見た人たちが買いに来てくださっているということになる。ＳＯＵ・ＳＯＵの商品は、ＳＯＵ・ＳＯＵのコミュニティの中で地産地消されているような感覚だ。

つまり、有名なメディアに掲載されなくてもいいのだ。小さくてもいいから自分たちのメディアを持って、自由に表現する。それをお客様に見ていただく。ファッション業界全体の動向とは無関係に、ＳＯＵ・ＳＯＵのウェブサイトを訪れたお客様が、僕たちの発信するさまざまなコンテンツを楽しんでくださったら、それでいい。ついでに買い物でもしようかというお客様がおられたら、なお嬉しい。無理にトレンドに合わせなくても、ＳＯＵ・ＳＯＵ独自のクリエイションで自立していける。そのことが、僕たちにとってはとてもありがたくかけがえのないことだと思う。

これはあくまでも僕の想像だが、ロリータやコスプレが好きな人たちも、同じような方法を採っていたんじゃないだろうか。好きな人同士で集まって、インターネット上にコミュニティを作る。そこで築いたネットワークを使えば、有名メディアに掲載されなくても、イベントに大勢の人を集めることができる。メディアの力を借りられなくても、特に不自由しない。自立して、自分たちの好きなものを好きなように楽しむことができる。

実は、そうなることが僕の長年の理想だった。洋服を売るためには、トレンドや流行を意識しながら作らなくてはならない。だけど僕は、そういったことに嫌気が差していた。

遠く離れた海外の誰かが作ったトレンドなんてものに、日本にいる僕たちの売り上げが左右されるなんて、そもそもおかしな話だ。クリエイターと名乗る以上は、そういった風潮に流されるばかりではなく、もっと独自性のある仕事をしたい。

インターネットの力

「僕たちの自社メディア」。そのつもりで大切に育ててきたＳＯＵ・ＳＯＵのウェブサイトが、２０１１年、２０１２年の2年連続で「カラメルショップ大賞　グランプリ」を受賞した。カラメルとは、インターネット上にある大手ショッピングモールのうちのひとつだ。現在、2万店舗以上がカラメルにショップを開設している中で、ＳＯＵ・ＳＯＵのネットショップが頂点に立ったのだ。

僕たちがやってきたことに対して、客観的な価値を認めていただいたことは率直に嬉しかった。むやみに威張るつもりはないけれど、受賞歴というものは、誰かに何かを働きかけたい時の説得材料としてはとても有効なものだと思う。

以来、地方の商工会などから依頼があって講演をする時、僕は必ずこう話すことにしている。

「インターネットで情報発信を始めてはいかがですか。僕たちにできることがあれば協力しますよ」

自身でネットショップ経営をしたこともないような、怪しげな自称Ｗｅｂコンサルタントにお金を払うくらいなら、僕の言うことのほうが、まだ信憑性があるかもしれない。少なくとも、カラメルではグランプリの実績もあるわけだから。

SOU・SOU
homepage
http://www.sousou.co.jp

上／自社のウェブサイトが重要な情報発信の場
下／２年連続でグランプリを受賞したSOU・SOUnetshop

ＳＯＵ・ＳＯＵと取引のある絞り屋、生地屋、染め屋や縫製工場にも、同じことを伝えている。できることなら、職人たち自身がお客様と直接の商売をしてみてほしい。彼らがオリジナルブランドを作って、ダイレクトにお客様に売ってみたいと望むなら、僕はいくらでも協力したいと思う。

そういう意味では、現代は職人にとってチャンスの多い時代でもある。たった一度でもテレビや雑誌に取り上げられることがあれば、それを見た人が一気に検索してウェブサイトにアクセスしてくれる。そこにショッピングカート機能が付いていれば、商品だって売れるだろう。いざその時のために、職人たちも備えておくのが理想だ。

今の時代、ＴＶや雑誌のメディア関係者の人たちこそ、新しい情報を必死に探しているのだと思う。だとすれば、以前のようにプレスリリースを作って各記者の手元まで情報を届けなくても、探してくれている人が見つけやすい場所に情報を掲示しておくだけでことは足りる。「ウェブサイトに情報を出しておきますので、お探しの方はどうぞ」。これだけのことが、案外、非常に有効な方法になり得る。

インターネットは本当に便利な文明の利器だと思う。これを使わない手はない、というより、もはやこれを使わないＰＲの仕方が思いつかないくらいだ。インターネットの発達がなければ、トレンドを無視したＳＯＵ・ＳＯＵが売り上げを伸ばすなんて事態も決して起こらなかっただろう。

職人たちにも、また各産地の方々にも、インターネットの活用にぜひトライしてみてほしい。きっと、何かいいヒントが見つかるはずだ。

ブランドストーリーを組み立てる

ただし、情報発信のやり方には、少々コツがある。

考えてみてほしい。テレビ番組の視聴者や読者としての自分は、どういうものを観たり読んだりしたいだろうか？　どういうものを面白いと感じるだろうか？　そういうネタをテレビ番組のディレクターや新聞記者、雑誌のライターは、探しているのだと思う。

自社ブランドのセールスポイントを発信する、そこまでは誰もがやっていることだ。そこからもう一歩踏み出して、メディアが取り上げたくなるような情報を発信するためには、人々が興味を持ってくれそうな「ブランドのストーリーを組み立てる」ということが必要になる。

たとえば、今僕は45歳だが、もしも20代だったら、雑誌のライターはＳＯＵ・ＳＯＵのことをもっと面白く記事にできる。あるいは僕が女性だったら、さらに意外で興味を引く記事になるかもしれない。

これはつまり、やっていることが世間のイメージとズレればズレるほど、意外性のある面白い記事になりやすいということだ。

有松鳴海で僕がプロデュースした絞りユニットのまり木綿は、その典型でもある。地元の芸術大学で絞りを勉強した女の子2人組が、伝統産業の有松鳴海絞りに興味を持って、卒業後すぐに絞りでビジネスを立ち上げる。彼女たちの作品はポップでかわいらしく、今までの絞りのイメージを覆すような斬新なものだ。しかも、そんな彼女たちが活躍する舞台は、高齢化で衰退の一途をたどる絞りの産地……。ストーリーの組み立てはバッチリだ。仕上げは、古い工場の作業場で、産地のおばあちゃん職人たちと一緒に並んで、まり木綿がニコニコ笑っている写真をパチリ！

これほど絶好の材料があるだろうか。どんなにセンスのない新聞記者でも、面白い記事が書けること間違いなしだ。

実際、彼女たちは、事業立ち上げの初年度からたくさんのメディアの取材を受けている。僕は、まり木綿のプロデュースを考えた当初から、こうなればいいと想像し、それを狙って「まり木綿のストーリー」を組み立ててきた。

まり木綿は独立したばかりだから、広告宣伝にかけられる予算なんか持っているはずがない。そんな二人でも、多数のメディアが取り上げてくれるおかげで、お店にお客様を呼ぶことができるのだ。

ブランドのストーリーを打ち出す時は、シンプルで強いメッセージを選ぶことも重要だ。発信したいことはたくさんあるかもしれない。でも、そのすべてを羅列してしまうと、情報は散漫になって印象に残らない。ＰＲしたい商品や人物の、一番わかりやすくて強い部分だけを抽出することが大切だと思う。たとえば伊勢木綿の手ぬぐいなら、一番は「肌触りがいい」ということ。二番目は「三重県津市の伝統工芸品」。もう少し情報量を増やすなら「ポップなテキスタイル」「四季の風情を表しました」というのもいい。情報の優劣順位をつけて、一番強いものから順に並べるべきだ。

ちなみにこれは、雑誌や新聞に商品を取り上げてもらう時にも役に立つ。「原稿は3行しかないんですか？　じゃあ、肌触りの良さと、三重県の伝統工芸品だということを入れてもらえますか？」という具合だ。情報の優劣を制作者側にも伝えておくことで、より適切な発信をしていただくことができる。

親しみやすさを表現する

さらに、そういうブランドや商品についての情報発信とは別に、ＳＯＵ・ＳＯＵウェブサイトでは、もうひとつ意識していることがある。それは、社員全員が顔を出して登場するということだ。

「企業は人なり」とはよく言われるが、ＳＯＵ・ＳＯＵの場合も、やはりスタッフの存在がブランドの生命線だと思っている。たとえば、お客様の立場からすると、初めて服を買いに行ったお店の店員って、ちょっとわずらわしいものではないだろうか。服を見ている時に店員が近寄ってきたら、たいていの人は身構えるだろう。緊張してしまって時間をかけてじっくり選べないという人も多い。

選定・認定商品

いろいろなところで評価されている SOU・SOUの足袋

観光庁主催 魅力ある日本のおみやげコンテスト 2011
「COOL JAPAN部門」銅賞、「各国・地域賞」フランス賞

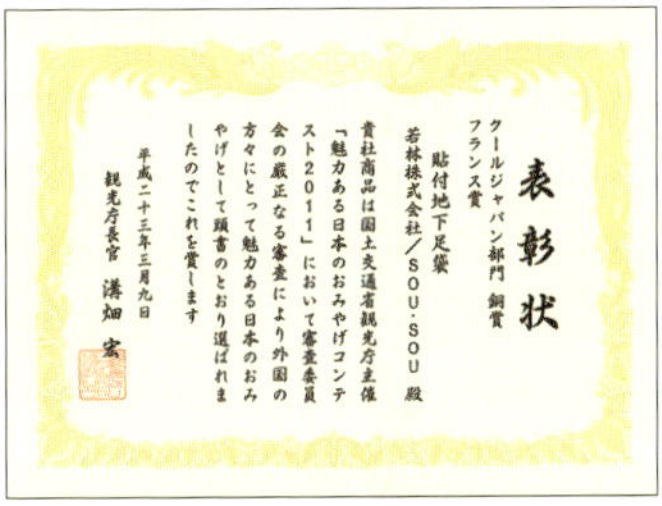

表彰状

クールジャパン部門 銅賞
フランス賞

貼付地下足袋
若林株式会社／SOU・SOU 殿

貴社商品は国土交通省観光庁主催「魅力ある日本のおみやげコンテスト２０１１」において審査委員会の厳正なる審査により外国の方々にとって魅力ある日本のおみやげとして頭書のとおり選ばれましたのでこれを賞します

平成二十三年三月九日
観光庁長官 溝畑 宏

貼付地下足袋「傾き」

JIDA 公益社団法人 日本インダストリアルデザイナー協会 認定商品

JIDA DESIGN MUSEUM SELECTION

貼付つっかけ足袋
「さしこ 赤」

フランス履物美術館 寄贈商品

musée international Chaussure Romans

貼付地下足袋「菊」

MoMA ニューヨーク近代美術館 ミュージアムショップ セレクトアイテム

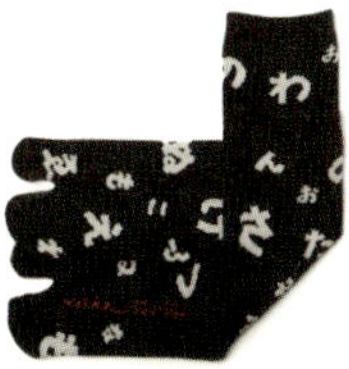

足袋下「白波」「色は匂へど」「傾き」

老舗企業・職人との取り組み

伝統技術で作られた、ポップな工芸品

宮脇賣扇庵

文政6年創業　宮脇賣扇庵
「紙扇子」

荒川

明治19年創業　荒川益次郎商店
「風呂敷」

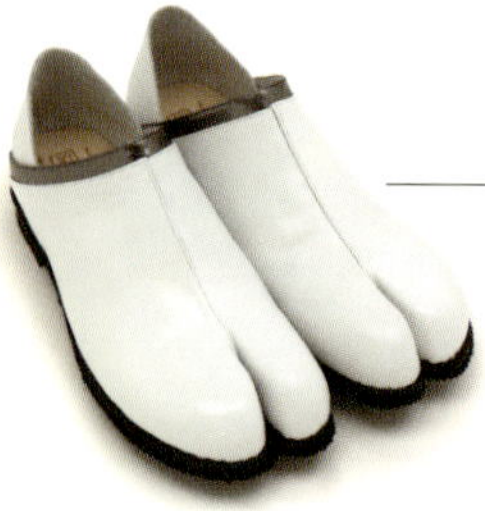

吉靴房

京都西陣　吉靴房
「踵単皮（あくとたび）」

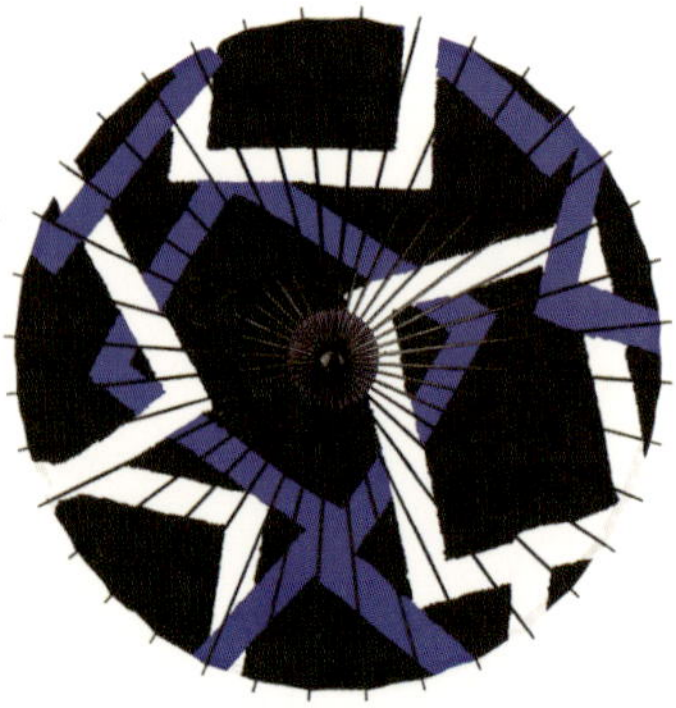

京和傘
日吉屋

江戸時代後期創業　日吉屋
「和日傘」

竹又

元禄元年創業　竹又
「掛物」

長久堂

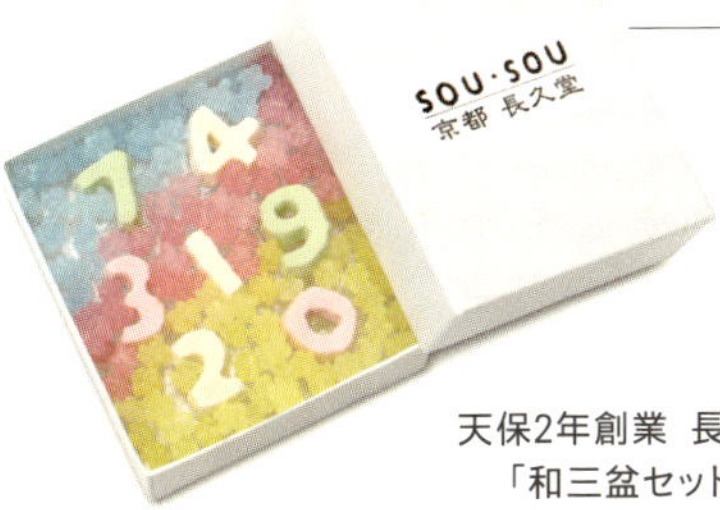

天保2年創業　長久堂
「和三盆セット」

岡山
備前織・帆布
武鐽織布
創業明治二十一年

明治21年創業　武鐽織布
「星桜雲斎　穏」

織屋にしむら

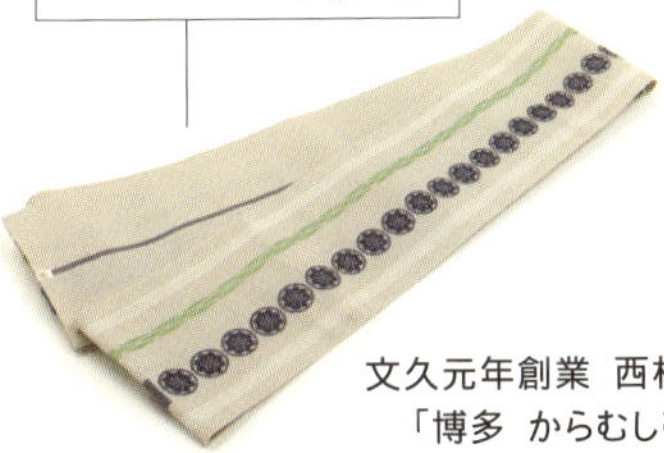

文久元年創業　西村織物
「博多　からむし帯」

大東寝具工業

大正14年創業　大東寝具工業
「クッション座椅子」

天童木工

昭和15年創業　天童木工
「低座椅子」

有松鳴海絞りのプロデュース

400年の伝統を誇る、日本最大の絞りの産地との取り組み

平成18年度 JAPANブランド育成事業
SOU・SOU× 有松鳴海絞 展示会

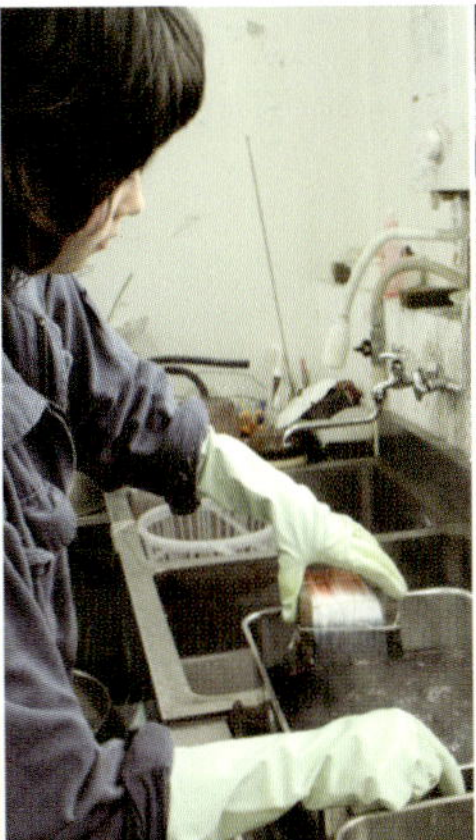

上／右　板締めの伝統工芸士「張正」の鵜飼良彦さん
上／左　伝統的な雪花絞りの反物
下／右　自分達の感性で板締めを創作する「まり木綿」の二人
（右／伊藤木綿さん、左／村口実梨さん）
下／左　ポップでカラフルな絞りであふれる「まり木綿」の店内

コラボレーション

大手企業や海外ブランドとのコラボレートから生まれた商品

VICTORINOX

スイスのツールナイフの老舗、VICTORINOX
とのコラボで生まれた「たしなみ」

KYOTO SANGA F.C.

京都サンガF.C. のオフィシャルグッズ
右／貼付地下足袋「傾き 蹴球」
左／足袋下（踝丈）「山紫水明」

monthly club

通販カタログメーカー、千趣会マンスリー
クラブとのコラボ商品

Wacoal

日本一の下着メーカー、ワコールとの
コラボレート部屋着

AMPHI

ワコール発の下着セレクトショップ
「アンフィ」とのコラボレート商品

UNIQLO
LifeWear

2013年春よりSOU・SOUのテキスタイルで展開するグラフィックステテコ、トランクス、風呂敷、トートバッグ、バンダナ

le coq sportif SOU・SOU

フランスのスポーツブランド、ルコックスポルティフとのコラボレーション。自転車の街、京都でサイクリングを楽しむためのウェアを展開。

金小鉤スポーツ足袋

記念すべきコラボレーション第一弾で発表した地下足袋。24 金メッキの小鉤を使用。岡山のメーカー、日進ゴム社製。

運動足袋HI

モンペリエ

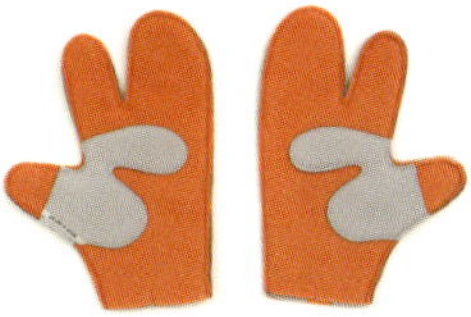

あっちグローブ

メッセンジャーバッグ

BIKEポンチョ

BIKEペインター

BIKEクウォーターペインター

BIKEクウォータースウェット

ノベルティ企画

様々な企業のノベルティやグッズを製作

SOU・SOU× アサヒ十六茶
ミニ・トートバッグ

SOU・SOU× オルビス
バッグ・イン・バッグ

SOU・SOU× 大丸松坂屋
エコバッグ

ファミリーマート限定企画
SOU・SOU×ザ・プレミアム・モルツ／SOU・SOU×ヱビスビール
デザインタンブラー

SOU・SOU×イトーヨーカドー
和雑貨いろいろ

SOU・SOU×サントリー天然水
ハンカチ

国産復活!!

約40年ぶりに国内生産が復活した(株)丸五の地下足袋

SOU·SOU × 丸五　地下足袋

JAPAN DESIGN JAPAN MADE

国産復活第一弾

今回採用したベースの形「縫付地下足袋」は、丸五の創業当時に創られた、90年以上の歴史を持つ名品

股付5枚足袋「金襴緞子」

昔ながらのディテールを残しつつ、改良を加えている

股付 5 枚足袋 上／右「黒装束」 上／左「一二三」 下／右「少女」 下／左「花鳥風月」

SOU・SOU スタッフ大集合

上／京都店スタッフ　右／青山店スタッフ　左／サンフランシスコ店スタッフ

日本料理 江戸焼うなぎ
江戸川

しかし、もしその店で友達が店員として働いている場合はどうだろう？　どの棚にどういう服があるか、値下げしているのはどれか、新商品はどれか、あるいは着心地がどうなのか、どんなアイテムでコーディネートすればいいのか……。相手が友達なら、聞いてみたいことはたくさんあるはずだ。

ということは、友達みたいな店員がいたら一番いいということになる。ＳＯＵ・ＳＯＵのウェブサイトにモデルとしてスタッフが登場していたり、スタッフの日記がブログで読めたりすると、少しは親近感が湧くのではないか。休みの日にどこに遊びに行っているのか、どんな趣味があるのか、何歳の子どもがいるのか。発信する内容は他愛のないことだが、読んでいるお客様はスタッフの性格や趣味などをつかむことができる。それでいて、スタッフはお客様のことを一切知らない。お客様のほうだけが、一方的にこちらのことを知っている。これは、お客様にとってはアドバンテージだ。

初めてじゃない相手に対しては、緊張感が軽減される。ＳＯＵ・ＳＯＵの販売スタッフたちは、お客様から「いつもブログ見てますよ」とか、「お子さん大きくなられましたね」なんて声をかけていただくことも多いようだ。

ＳＯＵ・ＳＯＵでは、どの店舗に行ってもそういう会話が成り立つようにしたい。「知り合いが働いている店」のような親しみやすい雰囲気を、少しでも作ることができればと思っている。

できることはすべて自分たちで

さて、ここまで書けば想像がつくかもしれない。ＳＯＵ・ＳＯＵは、こうした自社ウェブサイトの企画や更新作業を、すべて社内で行っている。ついでに言うと、衣類のモデルを務めているのも社内スタッフだ。できることは全部、自分たちでやっている。

以前はウェブサイトのデザインを、プロのデザイナーに依頼していた。確かにプロに頼むと、ものすごく今風のカッコいいものができる。しかし、そういうウェブサイトで買い物をするのは、インターネットに不慣れな世代、たとえば50〜60代以上の人にはわかりづらかったりする。僕自身がインターネットにそれほど詳しくないから、かえってそういうところが目に付いたのかもしれない。そこで、僕の目線で「なんか難しいな」「わかりづらいな」そう感じたところを徹底的に修正してみることにした。

ボタンの位置や大きさ、写真と文字の配置。自分でデザインし直してみると、ちょっとしたことでもグッと見やすく買いやすくなるのがわかる。それでもお客様から「見づらい」「わからない」という声が上がれば、指摘された箇所をさらに直していく。そういった改良を加えるにつれて、売り上げも順調に伸びていった。

たとえば、モデルのことを例に挙げてみよう。ＳＯＵ・ＳＯＵのウェブサイトに載っているモデルたちは、ちょっとパッとしないかもしれない。黒髪で、素朴で、田舎のうどん屋でニコニコ働いていたら似合うだろうなあって印象だ。まあ、プロモデルじゃない素人のスタッフがモデル役を務めているのだから、当然といえば当然だ。

普通、ファッションブランドのモデルといったらサラサラの金髪や茶髪で、キレイな顔立ちにスッとした立ち姿、足が長くて８頭身。そういう子を選ぶのが常道だろう。だけど僕は、ＳＯＵ・ＳＯＵのブランドイメージに合うのは、ピュアで擦れていない感じの人だと思っている。だから、プロモデルを使わないことは、ある意味で正解なのだ。それに、実際にお店で働いているスタッフがモデルをやることは、この上ないリアリティが伴うとも考えている。

どんなページ構成がいいのか、どんなデザインがいいのか、お客様をどんな風にナビゲートしたいか――、全部自分たちで考えてやるのがいい。少々失敗しても、自分たちで考え、経験したことは必ず次に生かすことができる。

ＳＯＵ・ＳＯＵの場合、たとえばサーバの選定や運用管理、セキュリティ面の問題など、専門的な部分はプロの力を借りることにしている。また、「たくさんの人に見てもらう」ためなら、ある程度投資をしてもいいかもしれない。10万人の読者に見てもらえるノウハウがあるというなら、そういうことにお

社内にあるスタジオで新商品の撮影。モデルもカメラマンも全て SOU・SOU のスタッフ

金を払うのは有意義な投資だと思う。

現代は、自分たちがやったことを多くの人に伝えられる時代だと思う。下手でもいいから自分たちでコンテンツを作って、情報やイメージを発信することはとても大切だ。商品を作るだけじゃなく、商品のことを説明する言葉も、商品を着るモデルも、写真も、すべて自分たちの手によるものなら、これ以上のリアリティはないだろう。

企業とのコラボレーション

ＳＯＵ・ＳＯＵのウェブサイトを見て声をかけてくださるのは、お客様やメディア関係者の人たちばかりではない。たとえば、こんなこともある。

現在もＳＯＵ・ＳＯＵと共同で商品開発を行っている㈱デサントのスポーツウェアブランド le coq sportif とのコラボレーションは、同ブランドのＭＤ（マーチャンダイザー。新商品開発を担当する職種）がお店にいらしたのが発端だった。時は２００６年６月。ちょうど当時、スニーカーの売れ行きが思わしくないと言われていた頃で、有名な某スニーカーブランドが５００万足も在庫を抱えているなんて業界では囁かれていた。そんな逆風の中で、le coq sportif も、なにか目新しい履物はないかとインターネットで検索をしているうちに、地下足袋ブランドとしてＳＯＵ・ＳＯＵがヒットしたのだそうだ。

２００７年新春、僕たちは、SOU・SOU × le coq sportif のコラボレーション地下足袋の発売を開始した。その展開は今や地下足袋だけにとどまらず、スポーツウエアやファッション小物などにも広がっている。

また、最近では、㈱ファーストリテイリング、つまりユニクロからのオファーをいただいたことも、僕たちにとって嬉しい出来事だった。２０１３年５月から発売を予定しているステテコの商品企画が上がった際に、ありきたりの和柄にはしたくないとの意図があってＳＯＵ・ＳＯＵをご指名いただいたと聞いている。これもまた、ご担当者がウェブサイトでＳＯＵ・ＳＯＵを見つけてくださったことがきっかけだった。

ウェブサイト経由ではないが、ＳＯＵ・ＳＯＵ×企業のコラボレーションといえば、㈱ワコールの例もある。ある時、取引先からご紹介を受けて、ワコールのカジュアルブランドＡＭＰＨＩ《アンフィ》の担当の方とお話をする機会があった。そしてその方がＳＯＵ・ＳＯＵのテキスタイルに興味を示してくださって、そのまま、ＡＭＰＨＩ×ＳＯＵ・ＳＯＵテキスタイルのコラボレーションが決まった。これも、継続するうちに今度はワコール本体からオファーをいただいて、母の日用のルームウェアや子ども服など、コラボレーションの範囲は今なおどんどん広がっている。

意外なところでは、京都花園にある臨済宗のお寺、妙心寺からオファーをいただいたこともある。若い人たちにもっとお寺に来てもらって、日本文化に触れてもらう場を設けることを考えていて、そのためのアイデアを出してもらえないかとのことだった。

そのイベントでお出しするSOU・SOUプロデュースの和菓子を作ってくださったのが、老舗京菓子司・亀屋良長さんだった。松で有名なお寺である妙心寺にちなんで、SOU・SOUが松をモチーフにしたテキスタイルを作り、その柄に合ったお菓子の製作を亀屋さんにお願いしたのだ。

実はその頃すでに、SOU・SOUテキスタイルに合わせた毎月のお菓子を作っていたが、当時製作をお願いしていた長久堂さんからは「お店がいそがしくて、来年も同じペースで毎月新商品を作っていくことができなくなるかもしれません」と言われていた。僕はそのことを、そのまま亀屋良長さんに相談してみた。

「実は、うちもずっとSOU・SOUさんのことが気になっていて、一度一緒にやってみたかったんです。そういうことなら、来年からうちが引き継ぎましょう」

ありがたいお言葉だった。以降、毎月オリジナルの和菓子を亀屋良長さんと一緒に企画開発し、店頭でお客様にお出しするようになってから、もう2年あまりにもなる。

こんな風にして、大企業や老舗の有名店と共同で商品開発をする機会も増えてきた。彼らから見たら、僕たちの商売なんか吹けば飛ぶような小さな存在だ。それなのに、どうしてわざわざＳＯＵ・ＳＯＵに声をかけてくださるのかと言えば、きっと僕たちがやっている仕事が、彼らにとって、ちょっとしたエッセンスになるからだと思う。

たとえばワコールにしても、内部デザイナーをたくさん抱えているはずだから、おしゃれなパジャマの1つや2つなら、簡単に作ることができるだろう。ところが、今まで作ってきたものの延長線の商品を新商品として毎年発表し続けると、やはり少しずつマンネリ化していく。

そこで「何か新しいものを」と思い立っても、内部の力だけではどうにもならないことがあるのだという。「甚平ってどうやってパターン引けばいいの？　柄だって、洋風のものはイメージと違うし、かといってベタな和柄じゃイヤだし……」。

そんな時、ＳＯＵ・ＳＯＵを見つけてくださったのだと聞いている。

大企業からのコラボレーションのオファーに対しては、そこに独自の目新しさや面白さを提供することがＳＯＵ・ＳＯＵの仕事だ。

コラボレーションすることによって、ちっぽけなＳＯＵ・ＳＯＵは大企業の大々的なＰＲ網に乗っかり、より多くの人の目に触れる舞台に出ていくことができるし、もっと言うと、ＳＯＵ・ＳＯＵの社会的な信頼を底上げしていただくことにも繋がる。

ＳＯＵ・ＳＯＵ単体でやれば10年も20年もかかるところを、大企業とのコラボレーションによって、いともあっさりと成し遂げることができる。こちらとしても、大変ありがたいことだ。

チャンスは誰にでも訪れる

実は、ＳＯＵ・ＳＯＵには営業部というものがない。営業職のスタッフもいない。深い理由があるわけではなく、単に、もともと卸業をやっていないからだ。営業部を持たないということは、こちらから営業をかけないということでもある。それにも関わらず、先方からオファーをいただいて仕事が成立すると、しみじみありがたいと思うのと同時に「出会いはご縁だな」と感じる。

僕は、自ら人脈を広げようと思って行動することはほとんどない。立場上、異業種交流会のような場所にお誘いをいただくことも多いけれど、お酒を呑みに行って名刺をばらまけば仕事が来るとは思っていない。だから、そういう場所にはここ数年、出不精を決め込んでいる。そもそも家族、友人、スタッフ、取引先、今現在の知人関係すら満足にケアできないというのに、これ以上の出会いなんか、わざわざ求めなくてもいいと思っている。

そんな風に考えているにもかかわらず、時々、それを乗り超えてやってくるような「ご縁」がある。僕は、そういうご縁を大切にしたいと思う。

「チャンスというのは誰にでも訪れる」という言葉を僕は信じている。でも、「人からものを頼まれる人と、そうでない人」という差が存在するのも確かだ。頼まれる人と、そうでない人の違いは、「アイツに頼んだら何とかしてくれるんじゃないか」と期待を抱いてもらえるかどうか。それだけである。

こんな風に書くと、まるで僕自身がそういう人間だと言っているかのように聞こえてしまうかもしれないが、別にそういうことではない。ただ、今までの経験から言っても、真面目で素直な人には、他の人よりも多くの「頼まれる」チャンスが舞い込んでくるのではないかと感じている。

世の中には、人がやらないことをやるからこそ重宝されるというケースが多々あるものだ。結果が出るまでに時間はかかるかもしれないけれど、地道に真剣に、今あるご縁を大切にすることで、次に繋がっていくのだと思っている。

そういう意味では、伝統産業や企業とのダブルネーム企画だろうが、破れた衣服の修繕だろうが、僕にとってのベクトルは同じなのである。「これは、僕に頼まれた仕事である」と、そう考えながら取り組むだけだ。

いくら才能のある俳優でも、制作側から「アイツ性格悪いから使いたくない」と思われたら最後、チョイ役すら来なくなるだろう。しかし、特別な才能なんかなくても「どうせ暇なんだろうからアイツに頼もう。アイツなら気持ちよくやってくれるよ」と言われるような人には、チョイ役がたくさん回ってくる。その間に演技の努力をし続け、実力をつければ、いつか大役が回ってくる可能性だってある。チョイ役でも何でもやります！——僕は常に、そう言えるほうの人でありたい。

自分が好きなことよりも、相手に求められることを

芸術大学で准教授を務めさせていただいて、二十歳そこそこの若い学生たちと日々接していると、ぼんやりと感じることがある。「みんな若くて、もっと無意味にキラキラしていてもいいはずの年代のはずなのに、なんだか、やる気のない顔をしてる子が多いな」と。

今の日本は、デフレや経済の低迷などいろいろな問題を抱えている。大企業はどんどんリストラを進めて新規雇用を絞るから、若者は就職難になって、将来に不安を感じるのも無理はない。

しかし僕は、人の欲望というものは景気動向とは関係なく高まるもので、いろいろなニーズが無限にあると思っている。ニーズがあればそれに合わせて何かをするのが商売だ。そして、そんなニーズをうまく見つけ出すのが優れたクリエイターの条件だと思う。それを見つけられないクリエイターは、食えないということになる。

一方、芸術大学で教えてもらう生き方とは「自分の個性を出しなさい、好きなことを見つけなさい」だ。大学卒業まで「個性を、好きなことを」と教わり続けた若者が、いざ社会人になると、学校で習ったことと現実の社会は正反対だということに気付く。しかし、今まで受けてきた教育のおかげで、なかば強迫観念みたいに「自分の好きなことをやって生きていくことが大切だ！」と思い込んでいる。だから、若者は本来抱えなくてもいいようなストレスまで抱える羽目になる。

「部長、大変です！　お客さんが、朝は○○って言ったのに、夕方になったら△△って言ってます！」「△△持って行け！　お客さんのおっしゃるようにしろ」「こんな矛盾した仕事、僕はもう嫌です！」となる。

そんなことになるくらいなら、学校でも「自分の好きなことより、お客様のニーズを優先させるのがプロだ」と教えてくれるほうがよほど親切だ。そう教えられて育った人間なら「わかりました、△△ですね！　すぐお持ちします！」と笑顔で応えられるだろう。間違っても「この仕事は、自分のやりたいこととは違う」なんて悩んだりはしない。お客様の喜ぶ顔を見て、自分も嬉しい、これでお金をもらっている自分はプロなんだと誇りを持てるはずだ。

僕は学生たちに対して、いつもこう話すことにしている。

「君たちは好きなものを作って生きることだけが幸せなんじゃない。求められる仕事を何でも100％の力でやることは同じくらい幸せなことだ。そして、それがプロってものだ。誰にも求められてないものを作ったって、そんなもの、世の中ではゴミと同じだ」。

君たちはどう思う？　と問いかけると、しかめっ面をして聞いている学生もいる。簡単に好きなことを諦めるのはもちろん良くない。しかし、できもしないことをいつまでも追い続けるより、自分ができることを見極めてプロとして自立することも大切だ。

僕は、好きなことをやって成功する1％の天才より、99％の凡人が幸せに生きるための言葉を選んで、若い人たちに伝えたい。

支えてくれたスタッフたち

頼まれた仕事をこなすうちに、僕はいつしか、伝統産業の廃れた産地を立て直すのは、やはり現役世代のクリエイターの使命だと考えるようになった。また、そういったことの手伝いをＳＯＵ・ＳＯＵでできればいいなと思うようになっていた。そういう仕事に対して大義名分を感じるようにもなった。

しかし、その裏側で犠牲になるものもあった。僕にとって象徴的だったのは、ＳＯＵ・ＳＯＵ立ち上げ期の出来事だった。

ＳＯＵ・ＳＯＵ始動にあたっては、まず２００４年の２月、京都の裏寺にあったパンクファッションの店を辞めて足袋屋に変えた。それを皮切りに、２００５年には僕がセレクトショップとして借りていた店舗を次々と「伊勢木綿」「作務衣」「しつらい」という具合にＳＯＵ・ＳＯＵブランドの店舗に変えていったという経緯がある。初めからＳＯＵ・ＳＯＵの出店目的で借りたのは「傾衣」と「着衣」の２店舗くらいのもので、あとはオセロの石をひっくり返すようにして、既存の洋服屋をＳＯＵ・ＳＯＵに切り替えていったのだ。

始まるものがあれば、終わるものもある。ＳＯＵ・ＳＯＵが盛り上がり始める一方で、僕が当時経営していたセレクトショップは、この頃、バタバタと強制的に畳んでいった。

あの時期、僕は周囲からどう見られていたのだろうと思い返すことがある。言い方は悪いが、当時の僕は、セレクトショップ時代にお世話になった取引先もお客様もみんな切り捨ててしまったようなものだ。「あの人、一体どうしてしまったの？」。お客様も取引先も、きっと僕の〝奇行〟に驚かれたに違いない。中には、僕に対して不信感を抱かれた方もいただろう。そして、その余波は、僕の会社のスタッフたちにも重くのしかかった。

地下足袋をデビューさせて間もない頃、独立したスタッフに任せていたテナントのひとつが急に空くことになった。仕方がないから、そこに地下足袋だけを並べてお店をやってみることにした。お金も時間もかけられないから、店内には一切何も手を加えなかった。店先に引っ掛ける看板代わりの旗だけを新しく作って「ＳＯＵ・ＳＯＵ足袋」とした。

そして、当時はまだ会社の売り上げの柱となっていた洋服のセレクトショップ事業のほうから、スタッフを1人、呼び寄せた。「中岡君、明日から足袋屋やってくれるか?」「……ハイ」その会話だけで、彼をＳＯＵ・ＳＯＵ足袋の店長にした。彼にとっては、まさに青天の霹靂だっただろう。それでも彼は、現在に至るまで足袋屋店長を務めてくれている。

また、teems design ＋ moonbalance の事務所でグラフィックを担当していたスタッフも、急遽足袋屋に回ってもらった。グラフィックの仕事なんて、実は全然なかったからだ。

セレクトショップ時代のスタッフたちは、みんな、僕のセレクトした洋服が大好きだったからこそ僕の下で働いていたはずだ。それなのに、会社が「新しい和装を！」なんて得体のしれない方向に１８０度転換してしまった。そんな、突然の事業転換に加えて、行き当たりばったりの人事にまで巻き込まれたスタッフたちは、さぞ迷惑だったことだろう。

だけど、これだけは言える。そのままのビジネスをずっと続けていたら、間違いなく業績は下がっていた。しかも、急速に。ファッションビジネスとはそういうもので、じりじりと落ちたりはしない。昨日まで飛ぶ鳥を落とす勢いだったブランドの業績が、急に垂直落下するようなことが数多くある。

ＳＯＵ・ＳＯＵを始めた当時、メインのセレクトショップ事業は相変わらず好調ではあったものの、伸び止まりの時期を迎えてもいた。「このままいけば落ちる」僕はそう確信していた。

「今後、上手くやれば、地下足袋を含む和装関係のビジネスは必ず伸びていくと思っている。それに僕は、海外のトレンドを後追いするだけのファッションビジネスよりも、今は和装のほうがクリエイティブで断然カッコいいと思っている。今後はこの方向でやっていきたい。みんな、よろしく頼みます」

ＳＯＵ・ＳＯＵの一見快調に見えたであろう出店展開は、実は、そのたびに振り回され、巻き込まれるスタッフに頭を下げながらの悪戦苦闘の展開でもあった。馴染めないで辞めていくスタッフもたくさんいた。

言ってしまえば、ロックバンドをやっていたメンバーが、突然演歌をやらされるようなものだ。「いやいや、案外面白いから、やってみな！」と誘われて、まずは半信半疑でやってみる。そこで、無理にでもやってみたら楽しさが見つかった人もいただろうし「やっぱりロックじゃないとアカン」という人もいた。そういう人は、他のバンドを探すしかない。それは、僕にはどうしようもないことだった。頭でわかってはいても、やはり少し切なかった。

そんな中で、文句も言わず付いて来てくれたスタッフがいた。離れていく人のほうが圧倒的に多かったあの頃、一握りのスタッフが、自分自身の志向を無視してまで僕を信じてくれたことは、僕にとってすごく大きいことだった。彼らには本当に感謝している。

流行ではなく文化を創りたい

そういう僕も、ＳＯＵ・ＳＯＵを作った当初から和装が好きだったわけじゃない。ただ「和装の進化は、今の日本人クリエイターがやるべき仕事」と思ってしまった以上、自分の中で後戻りできなくなってしまっただけだ。

だから、ＳＯＵ・ＳＯＵも最初のうちは「僕がやるべき」という理屈の部分が、僕自身の好みの在りどころよりも一歩先を行く形で展開を続けていたと言える。そうするうちにどんどんのめり込んでいったのは確かだし、和装ってカッコいいなと思うようにもなったわけだが。

スタッフにしてもそれは同じで、当初は「地下足袋カッコいい！」なんて絶対に思っていなかったに違いない。それどころか「興味ないけど、仕事だから仕方ない」というところから、彼らはスタートしているはずだ。

結果としては、僕もスタッフも、自分たちの仕事の意味をお客様に気付かせていただいたのだと思っている。自分たちでは心底いいとは思えなくても、お客様に「いいですね、面白いですね、カッコいいですね」、そう言葉をかけていただくうちに、自分の意識が変わっていくのだ。当時から現在まで残ってくれているスタッフたちには、各々に、そうやってスイッチの入る瞬間があったのではないかと思う。

「もしかしたら、コレって結構いい仕事なのかも?・」。そう思い始めると、自分の扱う商品が好きになるし、もっといろいろ勉強して人にも勧めたいと思うようになる。

僕たちはいつも、大切なことはお客様から気付かされ、教えられるのだ。

店頭に立つ販売スタッフは、ブランドの生命線だ。スタッフたちがいい接客をすれば、いいお客様が来てくださるようになり、その結果スタッフの意識もより高くなる。また「こういう接客がしたいから」といって新たに質の高いスタッフがやって来てくれることもある。その繰り返しと循環が、社風というものを作っていくのだと思う。

ちなみに僕は、ＳＯＵ・ＳＯＵの販売スタッフたちの接客を褒めていただいた時、商品を褒めていただいた時よりも嬉しい気持ちになる。そして、ＳＯＵ・ＳＯＵの目標は「一生、お客様に通っていただけるようなお店をつくること」だと思っている。

今日、1日の売り上げを確保するためだけに商品を売っても、次に店に来ていただけないのでは意味がない。今は試着だけでも、いつか気に入って買ってくださる時が来るなら、その方がずっといい。それは5年後かもしれないし、10年後かもしれないけれど。その間もお客様がＳＯＵ・ＳＯＵのことを気にかけて、お店に足を運んでくださるなら、そのほうがずっといいのだ。

それが実現する時こそ、ＳＯＵ・ＳＯＵというブランドが、京都の一零細企業を超えた存在になれる時だと思う。

70年代、イギリスでセックス・ピストルズというバンドが生まれた。彼らの音楽やファッションはパンクと呼ばれた。マルコム・マクラーレンとヴィヴィアン・ウェストウッドの2人がプロデュースしたものだ。ピストルズの活動期間は、2年。発売したアルバムはたった1枚だが、40年経った今でも、その音楽とファッションは若者のバイブルになっている。

一方、何千億も売って一大ムーヴメントになったはずのＤＣブランドでも、20年も経てば、そのほとんどがもう誰の憧れも集められなくなってしまった。存在すら知らない若者も多い。

マルコムとヴィヴィアンが創ったものは文化になって定着したが、ＤＣブランドは流行となって時代の波に流されたように思う。

僕は、できればＳＯＵ・ＳＯＵもひとつの文化を創りたいと思っている。

「こういうファッションは、ＳＯＵ・ＳＯＵが創ったんだよね」

何十年か経った時、こんな風に言われる存在になっていたいものだ。

SOU・SOUをつくる現場III

本気で京絞りに向き合う若き職人

たばた絞り
京都府京都市
http://kyoshibori.jp/

たばた絞り職人
田端和樹さん

会社を辞めて、業界最年少の職人へ

「こんな仕事、絶対したくないと思ってたんですけどね」と、田端和樹さんは笑う。田端さんは、京鹿の子絞りの職人の家に生まれて、幼い頃から両親が家で仕事をする姿を見ながら育った。それなのに、両親の仕事を手伝ったことは一度もないという。絞りの仕事は地味で面白みがなく、魅力的には見えなかった。自分が家業を継ぐなんて、考えたこともなかった。

高校を卒業すると、田端さんは音響の専門学校に進み、そのまま舞台関係を中心とする音響照明のエンジニアとして職を得た。仕事はいそがしかったが、順調だった。

「ただ、音響の仕事の質は、人の力だけではなくて機材の能力にも左右されるものです。だから、僕は人から仕事を褒められるたびに、謙遜半分のつもりで『いえ、僕じゃなくて機械がすごいんですよ』なんて答えたものです」

そんな毎日を過ごしながら、田端さんは、しばしば子ども時代に傍で見た父の仕事のことを思い出すようになったという。

「父は、機械を一切使わない手仕事で、多くの人に称賛されるようなものを作っている。それも、父だけにしか作れないものを。自分も社会に出てみると、そのすごさが身に染みてわかるようになりました」

田端さんは、5年間正社員として勤めた会社を辞めて、父のもとに弟子入りした。当時、田端さんは25歳。京都府下には、絞りに携わる職人が80名ほど仕事に従事しており、中でも、最年長の職人は90代に達するという。それに対して、20代、30代の若手は一人もいない。田端さんが、ぶっちぎりの業界最年少だ。

家業を手伝い始めて最初の1〜2年、田端さんは、呉服屋に卸す絹製品の仕事をこなしていたという。だが、次第に絞りは需要を大きく減らしていった。

呉服業界の底の見えない不況、田端さん自身の技術の未熟さ、安価な中国製の絞りが台頭してきたこと、様々な要因が重なった結果だった。3年目には、目に見えて仕事の量が減り、絞りだけでは家族の生活を支えることすら難しくなった。

その頃の田端さんは、昼間は自宅の工房で絞りの仕事のほかアルバイトで生計を立てていたという。絞りの仕事をする時間は徐々に短く、そしてアルバイトの時間は徐々に長くなっていった。同僚にあたる大学生アルバイトたちが就職活動の話題で盛り上がる中、田端さん一人だけが、先の見えない不安に沈み込んでいた。

そんなある日、田端さんはインターネットで、有松鳴海絞りとSOU・SOUのコラボレーションに関する記事を目にしたという。有松鳴海は高齢化の進む産地で、若い担い手がいない。製品は高級品ばかりで新規顧客にとっては敷居が高く、特に若いお客様を引き込むことができない。だから、需要は先細りで仕事も年々減っていく。——その状況は、自分たちにそっくりだった。

自宅の仕事場にて

すぐに田端さんは、SOU・SOUの店舗を訪ねた。有松鳴海絞りの商品を、若い人たちが次々に手に取っていく。賑やかな店内に立ってみると、後ろ髪をひかれるような思いに駆られた。ショップスタッフに向かって、つい「もう辞めようと思ってるんですけど、実は、僕も京都で絞りやってるんです」。そんな言葉が口をついて出た。田端さんはその日、店に自分の名刺だけを置いて帰途についた。

家に帰ると、田端さんは、いよいよ再就職のための履歴書を書き始めたという。絞りの仕事を始めてから、すでに5年が経っていた。自分自身だけの問題ではない。家族にとっても、もう限界だ。田端さんは、そう感じていた。

「雪花絞り」の足跡を追って

田端さんが、SOU・SOUからの思いがけない電話を受けたのは、その数日後だった。「一度、会ってお話しできませんか」。その言葉に、田端さんは就職活動を急遽ストップさせて、再びSOU・SOUへと出向いた。ただし、田端さんは、SOU・SOUとのコラボレーションが簡単に実現するとは考えていなかった。そのためには、障害が多すぎるように思えたのだ。

たとえば、木綿や麻などの植物素材を多く扱うSOU・SOUに対して、「伝統的な京都の絞りの素材とは、絹に限るものだ」という、業界の常識である。京都には、絹以外の素材を扱う絞り職人はいないに等しく、製法に関するノウハウもほとんどない。

だが、難しい顔の田端さんに対して、SOU・SOUの若林は、あっさりとこう言い切ったという。

「木綿や麻で京鹿の子絞りを名乗れないなら、〝ただ絞り〟でいいんじゃないですか」。

業界の慣習に縛られていた田端さんにとって、それは、考えもしなかった全く新しい視点だったという。田端さんは、はじめのうちは唖然としながら、そして次第に身を乗り出すように、SOU・SOUとの打ち合わせに臨んだ。

「若林さんって、ある意味、常識というものが全然ないんですよ！　そのおかげで、僕の邪魔をしていた旧い固定観念も、全部取り払われました」

コラボレーションにあたって、若林が田端さんのもとに持ち込んだのは、「板締め」という絞りの技法だった。「田端さん、これで雪花を絞ってくださいよ」。田端さんは、再び耳を疑った。

現代に伝わっている絞りの技法は、総数にして約80種類とされている。中でも雪花絞りは、当時、日本で1人しか絞れる職人のいない、幻の技だった。その技法は、有松鳴海の「張正」が、現在も門外不出の技術として守り続けている。長年経験を積んだ職人にも「張正の雪花は真似できない」と言わしめるほどの至高の技である。
対して、田端さんがそれまでに得意としていたのは、帽子絞りや縫い締め絞りといった全く別の技法で、板締めには触れたこともない。若林の出した難題に、田端さんは頭を抱えた。

試行錯誤の末、染めあげた「たばた雪花」

たとえば、張正に出向いてやり方を教わりでもすれば、田端さんにも雪花が絞れるようにはなるだろう。でも、そうしようという気にはなれなかった。
「テストで隣の人の答えを写して100点を取っても、その内容を理解できたことにはならないでしょう。同じように、僕が小手先だけを真似て雪花を

染め方、角度によっても模様が変わる

絞っても、そんなものに魅力があるでしょうか。やるなら、張正さんが何十年もかけてようやく完成させた、その道筋を自分でもたどらなければ意味がないと思ったんです」

そこで田端さんは、自分1人きりで〝実験〟をスタートさせた。最初の1年間は、「何をどうしたらこうなるのやら、意味が全くわからなかった」。千枚近くの手ぬぐいを無駄にして、染料も何十万円単位で買いこんで使った。つぎ込んだ時間と手間暇だって相当なものだ。それが、1円にもならずに次から次へとゴミになっていく。

だが、その過程は田端さんにとって意外にも楽しいものだった。「こうやるよりも、こっちのほうがいいな」。試行錯誤をしながら作業工程を見直していくうちに、結果として、自分は張正の歩みの後ろを付いていくことになる。そう気づいたのだそうだ。

「ああ、やっぱり張正さんも同じやり方でされていたんだ」。「きっとここで、張正さんも同じ問題にぶち当たったはずだ」。そう感じるたびに、田端さんには確かな手ごたえがあった。あともう少し、もう少しだ。

そこからは面白くて、大赤字を度外視してでも、やめられなくなってしまった。

「雪花絞りが魅力的なのは、なにも柄の美しさだけのことじゃない。張正さんが今まで積み重ねてこられたこと、守り続けてきたこと。その歴史自体も、かけがえのない価値だと思うんです」

そして2011年。ついに完成した「たばた絞り・京雪花」が、SOU・SOUの店頭に並んだ。

伝統工芸を、気軽に使える日用品に

田端さんは最近、何気なく出かけた先で、SOU・SOU×たばた絞りの服を着た人を目にするこ

ひとつひとつ模様を絞る

とがあった。

「すごく嬉しくて、つい話しかけたくなるんですよね。今までは、目の前をただ製作過程の商品が流れていくだけで、完成品を見ることすらなかった。通りがけに自分の絞りをふと見かけるなんて、以前にはありえなかったことです」

近年は、絞り製品の多くが中国産になっている。海外の絞りは工賃が安いうえに、数年の経験を積めば、日本の職人が絞ったものと見分けがつかない程度のものを絞れるようになるのだという。

「でも正確に言えば、今の世の中には、国産か海外産かを判別できる人が少ないだけで、本当は、国産と海外産の差はあるんです。ただ、現代の日本人は本物を見る機会がとても少ないから、その差に気付くことができないだけ」

高級品を着ることができるのは、それなりに裕福な人だけだ。欲しいけれど買えない人だっているだろう。本物の絞りを見たことがない人だって、いるかもしれない。――田端さんがSOU・SOUに、低価格の日用品を卸す真意は、そこにある。

「僕は、伝統的な高級品もやっぱり好きなんです。だけど今は、誰にでも高級品を見てもらえるような時代じゃない。そのせいで、絞りそのものが衰退して絶えてしまうくらいなら、まずは気軽な日用品を入り口にして、多くの人に興味を持っていただくことを目指したい。それが、業界最若手としての役割でもあると思っています」

田端さんの仕事は、誰もが手の届く場所に、伝統産業の居場所をつくること。その挑戦は、まだ始まったばかりだ。

4

ＳＯＵ・ＳＯＵは流行らない、だから廃れない

平成十二年「やたら編み」

僕らの目指すところ

前にも述べたが、ファッションビジネスなんて、しょせんは水ものだ。世の中を席巻したＤＣブランドでも、20年も経てば、そのほとんどが存在感を失ってしまう。ましてや業界のトップをずっと走り続けることはできない。そういう世界である。

我々ＳＯＵ・ＳＯＵなんか、一アパレル企業としても風が吹けば飛んでいくくらいのちっぽけなものだ。でも、それでもいい。僕たちが目指すところは、ファッション業界の頂点じゃない。

僕は、ファッションのトレンドを作ろうなんてさらさら思ってもいないし、会社を大きくしようとも思っていない。僕が続けられなくなったら、ＳＯＵ・ＳＯＵはなくなってしまってもいいと思っている。

しかしながら、何十年か経った後に「地下足袋って最近では普通に履いてるけど、よく考えたら、あの頃に復活したんだよね」と言われる日が来てほしいと思っている。それが僕の夢でもある。

「流行り廃り」という言葉があるけれど、僕は、ＳＯＵ・ＳＯＵが一般的に流行ることはないだろうと思っている。流行りものは、いつか必ず廃れてしまう。だけど、ＳＯＵ・ＳＯＵの場合は、流行らないから、廃れない。それでいて、ありふれたベーシックなものでもない。それって、なかなかいいことなのではないかと思っている。そして、トレンドに左右されないファッションは、やがてファッションではなくて文化と呼ばれるようになるだろう。

僕がおじいさんになった頃、マイナーでもいいから、世の中に「ＳＯＵ・ＳＯＵ」というジャンルができていればいいなあ、なんて思ったりする。

カテゴリーにとらわれない

ＳＯＵ・ＳＯＵの手掛けるべき分野は、今後、ますます広がりを見せていくと思う。僕自身が魅力を感じるのは、日本の伝統的なものや文化的なものだ。日本人が考え出したものの中には、素晴らしいものがまだまだ人知れず埋もれていると思う。実はものすごくいいものなのに、現代ではあまりパッとしない。そういうものにスポットライトを当てて、廃れてしまった伝統文化が、もう一度表舞台に返り咲くきっかけを作ることができればすごく嬉しい。そのためなら、自分でも不思議なくらい力が湧いてくるような気がする。

それとは別に、ビジネスの夢として、いつか旅館経営をしてみたいというのがある。僕がそんなことを口にすると「やめたほうがいい」とたくさんの方に言われそうだが、まあ、夢は夢として持ち続けていたい。

京都で旅館に泊まるといったら、有名な老舗旅館から素泊まりの安宿まで、いろんなタイプの宿がある。その中でも僕がイメージしているのは、地方から観光に来た若い人たちが、数人でワイワイ泊まれるようなカジュアルな宿だ。ちょっと懐かしく気分が落ち着くような和室に、SOU・SOUのオリジナルインテリアを揃えて、SOU・SOUデザインの季節の和菓子とお茶をお出しする。お風呂上りにはSOU・SOUテキスタイルのかわいい浴衣を着て、ちょっと京都の街中を散歩することができたりする……。儲かりそうにないのかもしれないけれど、考えただけでも楽しくなってくる。

僕が、ついこんなことに興味を持ってしまうのは、旅館の経営というものが、衣食住を包括した新しい日本文化を創造することに繋がると思うからだ。

衣食住のプロデュースは、いつかぜひ挑戦してみたい。

SOU・SOUを始めてからは、僕は以前よりも多くのことに興味を持つようになった。また、SOU・SOUに興味を持ってくださる会社とは、カテゴリーにこだわらずコラボレーションの可能性を探りたいと思う。

こういう柔軟なスタンスでいることは、SOU・SOUにとって非常に大切な要素だ。ブランドのこだわりが強すぎて自分たちの殻に閉じこもっていたら、他の業界から声をかけていただくチャンスを逃してしまうかもしれない。

それよりも、現在のように、和菓子、家具、VICTORINOXのツールナイフ、いろいろな企業のノベルティ……分野を超えてさまざまな仕事をさせていただくほうが、よほど楽しい。仕事の幅が広がれば経験値も上がって、できることもますます増えていく。

「ウチはこれです」って決めつけてしまわないで、「何でもやりますよ」と言える幅を持つほうが、仕事は面白い方向に転がっていくものだ。僕はそれを実感している。

仕事の価値を上げるファッション

変わったところから声がかかったといえば、最近もこんなことがあった。茅葺き屋根職人の制服を作ってほしいというオファーだ。

風情ある茅葺き屋根も、近年ではすっかりニーズが減少しているという。それに伴って職人の数も減り、技術の伝達を危ぶまれているのが現状だ。今ではもう、茅葺き屋根の施工ができる工務店は、日本国内にわずかしかない。どこかで神社や古民家の茅葺き屋根を修理したり葺き替えたりする必要がある場合は、ごく少人数の職人たちが、全国各地を飛び回って仕事をこなしているのだそうだ。

彼らは全国の伝統的で由緒ある建物の屋根に登る職人たちだが、若い職人たちは、ジーンズにフリースなんかを着て葺き替えの作業をしているそうだ。そりゃ、確かに機能的ではあるかもしれないけれど、見た目も大切だと思う僕は、気になってしまう。

たとえば、茅葺き屋根の職人が、有形文化財の屋根を葺き替えるために屋根に登っているとしよう。すると、職人本人たちは特別意識していなくても、それを目にした観光客たちのほうは「見て、あそこに屋根を葺いてる職人さんがいる！」と立ち止まって眺めるだろう。その景色もまた、旅先で出会った思い出のひとつになる。その時、職人たちも、その景色の一部として遜色ないようなスタイルで仕事をしていてくれたらいいのにと思うのだ。

ちょうど同じようなことを考えていた1人の棟梁が、ＳＯＵ・ＳＯＵに声をかけてくださって、職人の制服作りを担当させていただくことになったのである。

僕が常々思っていることなのだが、伝統産業の職人が百貨店などで実演販売をされる時、毛玉の付いたセーターやら、ヨレヨレのＴシャツやらを着て作業されていると、正直、ちょっと幻滅する。各々の職人さんたちは、日本の伝統を担う素晴らしい技術者であるはずなのに、家でくつろぐお父さんみたいな格好で実演をされると、どんなに凄腕の職人でも安っぽく見えてしまう。第一、見てくださるお客様に対しても、ホスピタリティに欠けるというものではないか。それなら安物でいいから、せめて作務衣でも着てくれればなあ、と思うのだ。

仕事中の服なんて、しょせんは作業服なんだから、汚れてもいい服を着るのが道理ではあるのだろう。ただ、少し考えてみてほしい。自分たちのその姿が、周りからどんなふうに見られているのかということを。

警察官にも看護士にも料理人にも、それぞれの仕事をするための制服がある。それを着ることは仕事への誇りでもある。同じように、伝統工芸士や職人たちは、日本の伝統を担う素晴らしい技術者だ。着るものについても、少しくらいは意識的であってほしい。

ＳＯＵ・ＳＯＵの服は、今回お話をいただいた茅葺き屋根の職人をはじめ、旅館や料理屋など、これまでにも多くの制服に採用していただいている。制服というのは単なるファッションではなく、いわば、そのお店のアイデンティティであり、お店のインテリアの一部でもある。そういうさまざまなシーンでＳＯＵ・ＳＯＵの服を採用していただけるのはとても嬉しく、特別な感慨があるものだ。

伝統を「更新」する

伝統は、長い年月を経て引き継がれるうちに、その形を少しずつ変えていく。前述のように、伝統的な茅葺き屋根の職人たちがＳＯＵ・ＳＯＵの一風変わった衣装を着るなんてことも、きっと、小さな変化のうちのひとつなのだろうと思う。

京都に、俵屋という老舗旅館がある。創業３００年を越える、京都で最も古く格式の高い旅館のひとつだ。

俵屋の11代目主人である佐藤年さんは、古くからあるしきたりやルールを、場合によってはためらいなく壊していく。しかし、新しく作り出すものは、それまでのものよりも素晴らしいものになる。つまり、古くからのものをただそのまま継承するのではなく、現代に合うようにどんどんブラッシュアップされているのだと思う。

「形式にとらわれ過ぎず、今を生きる自分が美しいと感じるように変えたっていいのだ」――僕にはそう受け取れる。それは、佐藤さんがもともと日本文化に精通しておられるからこそできることだが、何より卓越した審美眼と強い信念がなければ到底できないことではないか。僕は、こういう佐藤さんの振る舞いを深く尊敬している。

大切なのは、何をきれいだと思うかということ、そして何を残し、何を捨てるかということだ。それを素直に表現できればいいのだと思う。茶道の所作や振る舞いだって、元をたどれば、これまでの歴史の中で誰かが決めてきたものだ。なぜ決めたかといえば、その時代に生きていた人が、当時の環境や感性に基づいて「こういうのが美しいんじゃないか」と感じたからだと思う。もしも、その人が今も生きていたとしたら、もっと今の時代に合う美しいものを創り出すんじゃないだろうか。

こういうことの積み重ねが、伝統を「更新」していくのだと思う。

俵屋といえば、こんな逸話がある。京都のお正月の風物詩、餅花に関する話だ。

もともと東北地方には、昔から大きい餅を枝に刺した飾りがあるそうだが、京都でよく見かける餅花は、それとは少し趣が違う。枝垂れ柳に細かい紅白の餅をぱらぱらと散らしたような、繊細でちょっとかわいらしいあの餅花は、実は、俵屋がほんの30年ほど前に創り出したものだそうだ。俵屋が始めたことが、こうして全国に広がっていき、やがては当たり前の風物詩として世間に定着してしまう。同じような話は、他にも数多くあるというから驚きだ。こういう話を聞くにつけ、僕は「京都の伝統って、きっとこんな風に創られていくんだな」と感心してしまう。そして、佐藤さんの堂々とした振る舞いを拝見すると、とても勇気が湧いてくる。

無駄な競争はしない

僕は、ＳＯＵ・ＳＯＵの商品を作ってくれる職人たち自身にできるだけスポットライトが当たるようにしたいと思っている。

たとえば、テレビなどの取材を受ける際には、職人さんたちを一緒に映してもらうように働きかけてみる。職人たちが表に出ることで、視聴者がものづくりの現場を知るきっかけにもなるし、職人たちの士気も高まる。この仕事をやってみたいと思う若者も現れるかもしれない。また、ＳＯＵ・ＳＯＵは工賃の安い海外でチャッチャと商品を量産しているのではなく、国内の職人たちと一緒にものづくりをしている会社だということがわかってもらえるというメリットもある。

ＳＯＵ・ＳＯＵには敵もライバルもいない。そして、無駄な競争もしない。

普通の営利企業なら、同業他社とは戦って当たり前なのかもしれない。サービスで戦い、価格で戦い、品質で戦い……。競合他社と同じような商品を作り続けている限り、戦いのループからは逃れられない。しかし、衰退の一途をたどる国内の産地や生産工場の活性化を考えたら、誰とも、何とも戦っている場合ではない。

ＳＯＵ・ＳＯＵが地下足袋を発売して以来、さまざまな会社が柄物の足袋を発売しているそうだ。だけど、僕はそれらの後発ブランドと戦う気になれない。むしろ、ＳＯＵ・ＳＯＵ足袋が真似されることに関して「どんどんやってください」と思っている。地下足袋は、もっともっと国内で市民権を得るべきだと思う。だが、それにはまだまだ地下足袋を供給するメーカーが少なすぎる。たくさんのブランドが地下足袋市場に参入して市場を刺激すれば、注目してくれる消費者の人口も増えるはずだ。

注目してくれる人が増えて地下足袋の売れ行きが伸びれば、生産現場の仕事もおのずと増える。そうなれば、国内の地下足袋工場が業績不振で廃業してしまうこともなくなるだろう。どこの工場も仕事でパンパンになって、ＳＯＵ・ＳＯＵの地下足袋が作れないなんて事態になれば困るけれど、まだまだ、そんなことにはなりそうもない。

ＳＯＵ・ＳＯＵの地下足袋は、今まで㈱高砂産業、日進ゴム㈱、㈱ムーンスターの3社で生産していたが、昨年より㈱丸五が新たに加わった。

㈱丸五と言えば、前述の通りＳＯＵ・ＳＯＵの地下足袋を一番初めに作ってくださったメーカーだ。

当時は中国製しかできないということで、いったん取り引きを停止したが、2年くらい前にもうすぐ国産を再開するから、もう一度地下足袋を作らせてもらえませんかとのオファーをいただいたのだった。これは奇跡と言える。中国に工場を移設して40年以上経った今、国内工場を再開するとは、なかなかできない英断だ。

ＳＯＵ・ＳＯＵにとってもこんなに嬉しいことはない。すぐにＯＫの返事をさせていただいた。現在、国内工場は本稼動とまではいっていないが、もう少ししたら生産ラインが整う見通しだという。今は少ない生産量だが、徐々に増えていくだろう。今後に期待したいのと同時に、ＳＯＵ・ＳＯＵもさらに頑張って盛り上げていきたいと思う。

地下足袋業界では、「東の力王、西の丸五」なんて言葉があるらしい。東京の地下足袋メーカーである㈱力王と、ＳＯＵ・ＳＯＵとも取引を再開した岡山の㈱丸五は、互いに拮抗する地下足袋界の二大主要メーカーなのだそうだ。

実は、力王の営業担当者から、ＳＯＵ・ＳＯＵにもお声掛けをいただいたことがある。力王の場合は１００％海外で生産をしておられるから、現状ではＳＯＵ・ＳＯＵと一緒に地下足袋を作っていくことはないだろう。だが、もし「国産も始めたので一緒に」とお誘いいただけたら、コラボレーションが実現することもあるかもしれない。

そうなればＳＯＵ・ＳＯＵの既存の取引先にとって、競合先が増えることになる。それを面白くないと思われる方も中にはおられるかもしれないが、長い目で見れば、必ずお互いのためになると考えていただきたいと思う。アディダス、ナイキ、コンバースなど、有名ブランドが多数しのぎを削っているスニーカー業界に比べたら、地下足袋はどうだろう。全く認知度もないし、普及率だって低すぎる。地下足袋を売っているお店も全然ない。ハッキリ言ってしまえば、こんなショボい現状では、身内同士が戦ってライバルになる、ならないと争うような次元の話ですらないと思うのだ。

小さな業界内の競争は、市場が十二分に盛り上がった後で、各々が考えればいいことじゃないだろうか。そして、その頃にはＳＯＵ・ＳＯＵはもう不要になっているかもしれない。それならそれでいいのだ。

現状では、とにかく地下足袋の「業界全体」を盛り上げることが最優先事項だ。そのためならどこにでも力を貸したい。同じ目的を持っている相手なら、どんな会社とでも、誰とでも一緒にやりたい。

伝統産業を身近な存在に

僕は、誰にも知られていないような伝統産業の存在を、ＳＯＵ・ＳＯＵを通じて少しでも多くの人に知ってもらえたらと思っている。たとえば、現代では地下足袋を履いたことがない人が大多数なのだから、まずは一度履いてもらうことが先決だ。地下足袋という商品は、みんながその良さを知ってくれさえすれば、もっとたくさん買ってもらえるものだと思うのだ。だから僕は、その入り口を作りたい。

本来、いいものを作って、それを多くの人が知るところとなれば、しかるべき量が自然と売れるはずだ。みんなが知っているのに全然売れないというなら、それはニーズがないというだけのことだと思う。

大量生産の時代に生きる現代人の感覚からすると、伝統産業の生産体制は本当に貧弱だと思う。仮に商品が大ヒットしても、産地の多くはそれに対応できる生産能力を持っていない。しかし、今はその少ないキャパシティすら十分に埋めるだけの仕事量がないというのだ。

ＳＯＵ・ＳＯＵは、現在取引がある工場のキャパシティを埋められれば……という思いで仕事をしている。そのためには、大ヒットを飛ばす必要はなく、日本国民の1万人に1人、いや、10万人に1人の人が買ってくださったら実は十分なのだ。そう考えれば、ハードルは高いようで案外低い。そう考えるようにしている。

ＳＯＵ・ＳＯＵみたいな会社が国内に一社あるだけでも、日本の伝統産業の売り上げに少しは貢献できる。こういった会社が増えれば、もっとたくさんの産業が潤うことになるだろう。未来の日本にいいものを残していきたいと望むなら、そんな風にしてもっと大勢の有能な若手クリエイターが、伝統的なもの、日本的なものの素晴らしさに目を向ける必要がある。

伝統産業に関しては、とにかく、やらねばならないことは山ほどある。そして、人手は全然足りていない。

クリエイターが支える日本のものづくり

ＳＯＵ・ＳＯＵは、２０１３年の春にブランド創始10周年を迎えた。でも、僕自身の実感としては、ようやく今年デビューを果たしたところだという気がしている。いろいろな企業とのコラボレーションなどのおかげで、ＳＯＵ・ＳＯＵも少しは人の目に触れる機会が増えてきた。「ＳＯＵ・ＳＯＵ自身がメジャーになって、伝統産業の魅力を広く伝えること」、その役割を真に果たすことができるとすれば、ようやくこれからだと思う。

僕は、スタッフたちにも「今まで人知れず10年やってきた。しかし、今年が本当の意味での１年目だと思ってほしい」と伝えている。

現代は、ものが溢れている時代だ。いろんなものがありすぎて余っている。服なんて、大半の人がすでに一生分は持っていると思う。それにもかかわらず、僕が作ったものを「欲しい」と言ってくださるお客様がいることに、単純に幸せを感じる。

学生のお客様であれば、きっと、アルバイト代やお小遣いを工面しながら買ってくれたのだろうと想像する。そして、大人になればなるほど、要らないものなんか買わなくなる。そんな中でＳＯＵ・ＳＯＵの商品を欲しいと思ってくださる方がいるということは、僕にとっては何よりも力強い支えだ。有名人が買ってくださっても嬉しいし、通りがかりの人がフラッと立ち寄って買ってくださっても同じように嬉しい。どんな人がどんな理由で買ってくださっても、その嬉しさは同じである。

僕たちが、いいと思ったものを作って売る。それをお客様が気に入って買ってくださる。僕たちの日々の商売によって、伝統産業の産地が少しでも潤って、日本の文化が絶えるのを防ぐ一助になるなら、これ以上の喜びはない。

日本のクリエイターたちは、日本の伝統産業に見向きもしてこなかった。考えてみてほしい。日本にどれだけ才能があるクリエイターやデザイナーがいようと、日本の染めも、織りも年々廃れているのだ。この観点で見れば、残念ながら70年代以降のデザイナーが何十人、何百人いても、国内の伝統産業にとっては全く意味がなかったということになる。

今を生きるクリエイターの1人として、この現実を黙って見過ごすわけにはいかない。日本の伝統産業において何か少しでも役に立てることがあるなら、僕はそれをやりたい。僕の力なんかは微々たるものに過ぎないが、そうする限り、滅びゆく何かをひとつでも救うことができるなら。誰かが喜んでくれるなら。

それを続けることで、日本のものづくりはきっと変わっていくはずだ。僕は、その未来を信じたい。

おわりに

ＳＯＵ・ＳＯＵを始めてから、自分の中で「成功観」が大きく変わりました。

昔は高級スポーツカーに乗って、高級腕時計をつけて……みたいなことに憧れていました。また、会社はどんどん大きくなっていくことに意義があると思っていました。

しかし、今はまったくそんなものには憧れず、会社はむやみに大きくするのではなく、質の向上を大切にしようと思うようになりました。

特別なことよりも、普通の日常こそが大切で、日々仕事の手を抜いてはいけないと思うようになりました。これは日本のものづくりに携わるようになってからだと思います。

日本のものを作ると、喜んでくださる人がとてもたくさんおられます。励ましのお手紙をいただくこともあります。日本らしさが年々失われつつある現状を、皆どこかで憂いてるのでしょうか。

よく言われていることですが、国内の生産現場はとても厳しい状況です。しかし才能ある若手が参入すれば、この先、また盛り返せると信じています。日本は大昔からものづくりの国、職人の国です。発展はしても、衰退している場合ではないのです。

ＳＯＵ・ＳＯＵがきっかけで、ほんの少しでも日本のものづくりに若い人が興味を持ってくださったらこれほど嬉しいことはありません。

ＳＯＵ・ＳＯＵは、これからもいろんなことにチャレンジしながら、職人さんたちと一緒に成長できたらいいなと思っています。


今回このような出版の機会をくださった学芸出版社の中木様、本書の構成をご担当くださった石田様には感謝いたします。

社内では、日常業務に追われながらもブックデザイン、原稿の加筆、修正を手伝ってくれた企画室長の橋本にも感謝したい。

読者の方には、最後までお付き合いいただきまして本当にありがとうございます。

これからもＳＯＵ・ＳＯＵを何とぞよろしくお願いいたします。

ＳＯＵ・ＳＯＵ代表　若林剛之

■京都 店舗案内

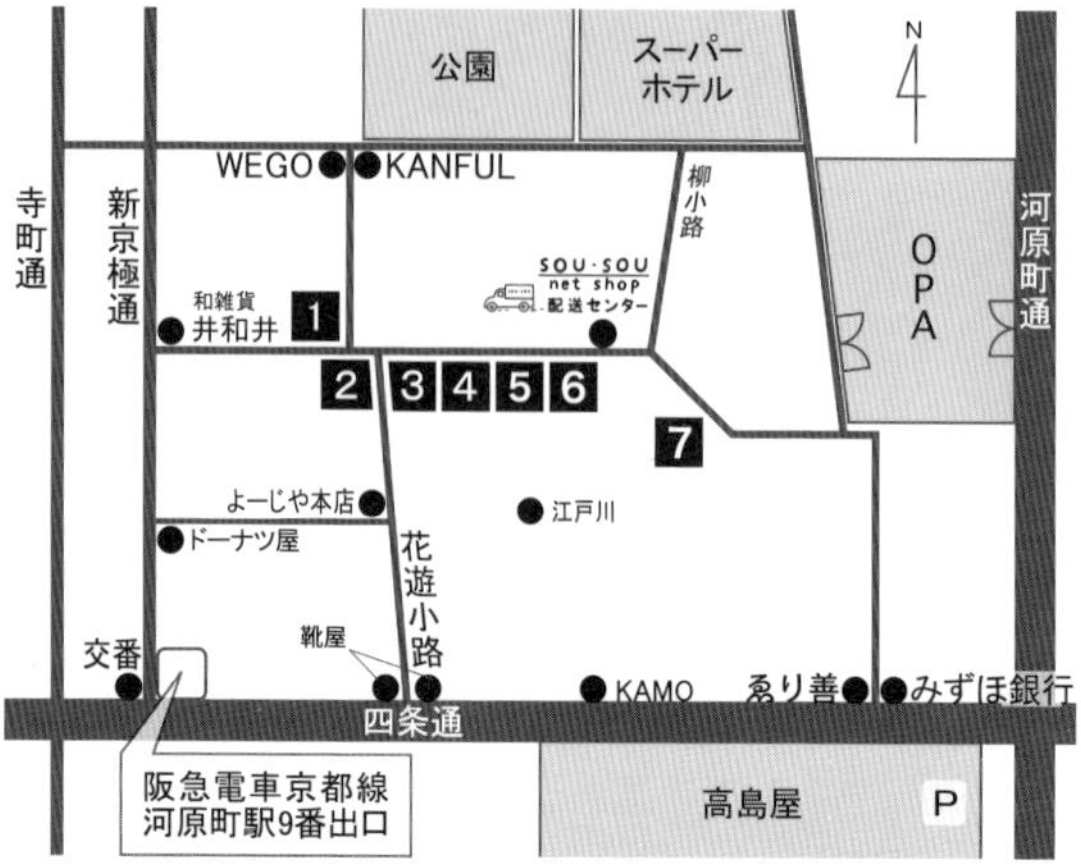

営業時間 11:00-20:00／定休日なし

1 SOU・SOU 足袋 TABI
京都市中京区新京極通四条上ル
中之町583-3
TEL.075-212-8005

2 SOU・SOU 伊勢木綿
京都市中京区新京極通四条上ル二筋目
東入ル二軒目 P-91ビル1F
TEL.075-212-9324

SOU・SOU 在釜 zaifu (B1F)
TEL.075-212-0604

3 SOU・SOU 着衣 kikoromo
京都市中京区新京極通四条上ル
中之町583-6
TEL.075-221-0020

4 SOU・SOU 布袋 hotei
京都市中京区新京極通四条上ル
中之町569-10
TEL.075-212-9595

SOU・SOU 染めおり so-me o-ri
TEL.075-212-1210 (2F)店内階段

5 SOU・SOU わらべぎ
京都市中京区新京極通四条上ル
中之町569-6
TEL.075-212-8056

6 SOU・SOU 傾衣
京都市中京区新京極通四条上ル
中之町569-8
075-213-2526

7 SOU・SOU le coq sportif
京都市中京区新京極通四条上ル
中之町579-8
075-221-0877

■海外 San Francisco Store 2F NEW PEOPLE, 1746 Post St, SF, CA 94115, USA (415) 525-8654

■東京 分店案内 SOU・SOU KYOTO 青山店

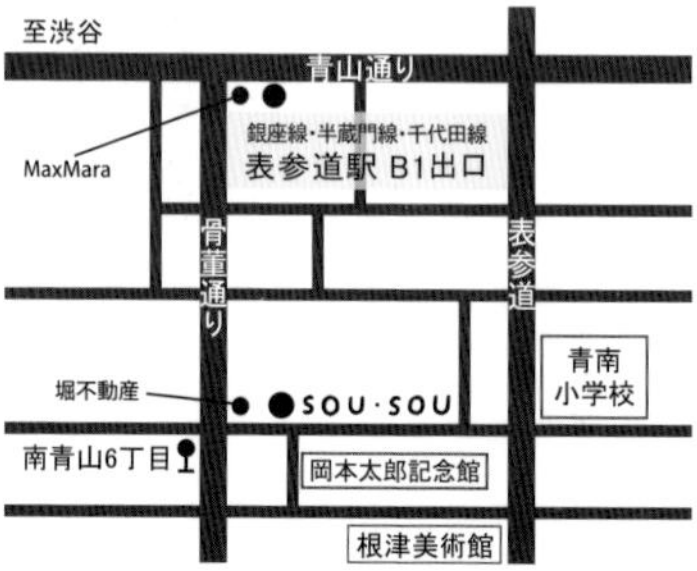

東京都港区南青山5丁目4-24
ア・ラ・クローチェ1F
TEL. 03-3407-7877
営業時間 11:00〜20:00

アクセス：銀座線・半蔵門線・千代田線"表参道駅"下車。B1出口から骨董通りを岡本太郎記念館方面へ徒歩6分。

毎日更新!!
SOU・SOUブログ
一語一絵
http://www.sousou.co.jp

SOU・SOUがお届けする日々の事、その他いろんな情報を毎日更新しています。これを見ればSOU・SOUの全てがわかります。ぜひ一度のぞいてみてください！
■若林剛之の"一日一駄話" ■脇阪克二の"一日一絵" ■スタッフの"SOU・SOU日記"

日本の履物の最高傑作と言える地下足袋は、今世界中のクリエーターから賞賛を浴びています。世界で唯一の国産地下足袋ブランドSOU・SOU足袋のカラフルでポップな世界をご覧下さい。

洋服が日本に入ってくるまでは着物は「着るモノ」としての意味しかありませんでした。又、明治以降、着物に「着付け」が登場してからは着物が日常から遠のいていきました。SOU・SOU着衣では自由で楽しい新ジャンルの和装をご提案します。

「傾く（かぶく）」為の紳士和服。室町時代、他と違った身なりの人や、自由奔放にふるまう人のことを「傾《かぶ》いた人」、又は「傾《かぶ》き者《もの》」と呼んだそうです。（後に「歌舞伎」という言葉が生まれる）SOU・SOU傾衣（けいい）は現代の傾き者のための衣装を提案します。

童気（わらべぎ）とは「子供らしい気持ち」のことを言います。伊勢木綿の手ぬぐいを中心にその他肌触りの良い素材を使ってSOU・SOUが考える子供用の和服を提案します。

江戸時代から250年以上続いている伝統の布「伊勢木綿」。肌触りが良く、吸水性速乾性に優れていて、手ぬぐいにぴったりな生地です。日本の四季が感じられる図案の手ぬぐいが豊富に揃っています。

奈良時代からあるモノを包む為の布は、室町時代に「風呂敷」と呼ばれ始め日本人の生活にかかせないものとなりました。SOU・SOU布袋では、ポップな図案の風呂敷や、SOU・SOU流の和装に合う袋物を提案しています。

SOU・SOU染めおりでは、京都の四季折々の風情をポップに表現したモダンテキスタイルデザインを創造し、伝統的な染め織りの技術を生かしながら今の暮らしに溶け込むようなテキスタイルを提案していきます。

SOU・SOU在釜の茶席では、月替わりのオリジナルテキスタイルに合わせた和菓子（亀屋良長謹製）を、お抹茶（丸久小山園「金輪」）または下鴨の名店カフェヴェルディによるSOU・SOUオリジナルブレンドと共にお楽しみ頂けます。

世界最古のロードレース「ツール・ド・フランス」。それを最も古くからサポートし続けてきたルコックスポルティフとSOU・SOUがコラボレーションして、日常のサイクリングをちょっと楽しくする、カジュアルなサイクリングウェアを作りました。

sou・sou netshop

www.sousounetshop.jp

インターネットでもお求め頂けます。ブログの合言葉で1ポイント加算させて頂きます。メルマガ会員登録も随時募集中でございます。

SOU・SOUの海外一号店。アメリカ　サンフランシスコのジャパンタウンにあるクールジャパンをコンセプトにしたNEW PEOPLE 2Fにあります。

若林 剛之（わかばやし たけし）

1967年京都生まれ。日本メンズアパレルアカデミーでオーダーメイドの紳士服を学んだ後、1987年㈱ファイブフォックス入社。1993年まで企画パターンを担当する。退社後、渡米。1994年自身で買い付けした商品を扱うセレクトショップをオープン。1996年よりオリジナルブランド「R. F. P」を立ち上げる。2001年「teems design shop」オープン。2003年「SOU・SOU」をスタート。現在は、SOU・SOUのプロデューサーとして活動の場を広げている。
2008年京都造形芸術大学准教授就任。2011年名古屋芸術大学特別客員教授就任。

構成、コラム執筆：石田祥子（石田原稿事務所）

伝統の続きをデザインする
SOU・SOUの仕事

2013年 5月 1日 第1版第1刷発行
2016年12月30日 第1版第3刷発行

著　者………若林剛之
（構成：石田祥子）

発行者…………前田裕資

発行所…………株式会社学芸出版社
京都市下京区木津屋橋通西洞院東入
電話 075－343－0811　〒600－8216
http://www.gakugei-pub.jp/

装丁・デザイン…SOU・SOU

印　刷…………オスカーヤマト印刷

製　本…………山崎紙工

ISBN 978－4－7615－1325－2